KB199509

와우! 현미경 속 놀라운 세상

와우! 현미경 속 놀라운 세상

초판 1쇄 인쇄	2012년 7월 25일
초판 1쇄 발행	2012년 7월 30일

지 은 이	홍영식
펴 낸 이	조승식
책임편집	김자영
북디자인	김자영

펴 낸 곳	도서출판 이치사이언스
출판등록	제9-128호
주 소	서울시 강북구 수유2동 240-225
전 화	02) 994-0583(대표)
팩 스	02) 994-0073
홈페이지	www.bookshill.com
이 메 일	bookswin@unitel.co.kr
I S B N	978-89-91215-89-4 03470

ⓒ 홍영식, 2012
이 책은 저작권법에 따라 보호를 받는 저작물이므로 무단복제를 금지하며
이 책 내용의 전부 또는 일부를 이용하려면 반드시 저작권자와
출판사의 서면동의를 받아야 합니다.

이 도서는 (주)도서출판 북스힐에서 기획하여 도서출판 이치사이언스에서 출판된 책으로
(주)도서출판 북스힐에서 공급합니다.
책값은 표지 뒤쪽에 있습니다. 파본은 바꾸어 드립니다.

와우! 현미경 속 놀라운 세상

홍영식 지음

BooksHill
이치사이언스

안녕하세요? 2008년 9월 《웰컴 투 더 마이크로월드-현미경으로 본 세상》으로 인사드리고 이제 후속편인 《와우! 현미경 속 놀라운 세상》으로 여러분들을 다시 만나게 되었습니다.

《웰컴 투 더 마이크로월드》에서는 현미경 관찰을 시작한 사람이라면 누구나 쉽게 접할 수 있는 커피, 소금, 지폐, 디스플레이 장치, 인쇄물, 무지개, 스타킹, 옷, 모래, 머리카락, 치아, 지문, 인분, 누에나방, 겹눈, 소금쟁이, 보호색, 기공, 녹말, 민들레에 담긴 세상을 현미경을 통해 소개하였지요.

《와우! 현미경 속 놀라운 세상》에서는 더 나아가 관다발, 꽃가루, 과일, 초파리, 물고기 비늘 등을 관찰하였습니다. 대나무의 관다발은 마치 사람의 얼굴처럼 생겼어요. 꽃가루도 종류마다 다양한 모양을 갖고 있지요. 벌레잡이 식물, 도깨비바늘, 따개비, 사마귀와 같은 생물뿐만 아니라 감압지, 대일밴드, 담배, 기타(guitar), 포스트잇, 삼겹살, 간장, 지시약, 공기, 방수, 결정 등에도 놀라운 세상이 펼쳐져 있었습니다.

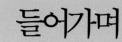

들어가며

　《와우! 현미경 속 놀라운 세상》에서는 현미경으로는 처음 보는 내용들이 많이 포함되어 있어요. 그만큼 현미경으로 관찰할 수 있는 세계는 무궁무진해요. 여러분들은 이 책에 담긴 주제를 하나씩 읽을 때마다 작은 사물 속에도 얼마나 아름다운 세상이 펼쳐지는지를 확인할 수 있을 거예요.

　끝으로 《웰컴 투 더 마이크로월드》에 이어서 《와우! 현미경 속 놀라운 세상》이 출간되기까지 후원해주신 LG상남도서관(http://www.lg-sl.net/)과 도서출판 이치사이언스에 감사를 드립니다. 독자 여러분들도 이 책을 읽으면서 저와 같은 감동을 느낄 수 있는 즐거운 여행이 되길 바랍니다.

2012년 7월

서초동에서 지은이 씀

들어가며 |4

Ⅰ. 식물

1. 다스베이더를 찾아라! __ 관다발 |10

2. 고난의 계절 __ 꽃가루 |16

3. 참열매와 헛열매 __ 과일 |24

4. 식물도 고기 맛을 안다? __ 벌레잡이 식물 |32

5. 미워할 수 없는 녀석 __ 도깨비바늘 |40

Ⅱ. 동물

6. 오! 따개비 __ 바닷가 생물 |50

7. 물고기에게도 나이테가? __ 비늘 |62

8. 우주인과 우주초파리 __ 초파리의 한살이 |70

9. 다 덤벼! __ 사마귀 |78

차 례

Ⅲ. 생활 속에서

10. 여러분! 부자 되세요~ __ 감압지 ı86

11. 앗! 손에서 피가…… __ 대일밴드 ı96

12. 이제 그만! __ 담배 ı102

13. 작은 연인들 __ 기타 ı110

14. 세렝게티 __ 포스트잇 ı118

Ⅳ. 화학

15. 살들아 내 살들아~ __ 삼겹살 ı128

16. 산과 염기가 만나면…… __ 간장 ı136

17. 변심한 장미 __ 지시약 ı144

18. 존재의 가벼움 __ 공기 ı152

19. 이슬비 내리는…… __ 방수 ı164

20. 아름다운 질서 __ 결정 ı170

책을 마치며 ı176   찾아보기 ı178

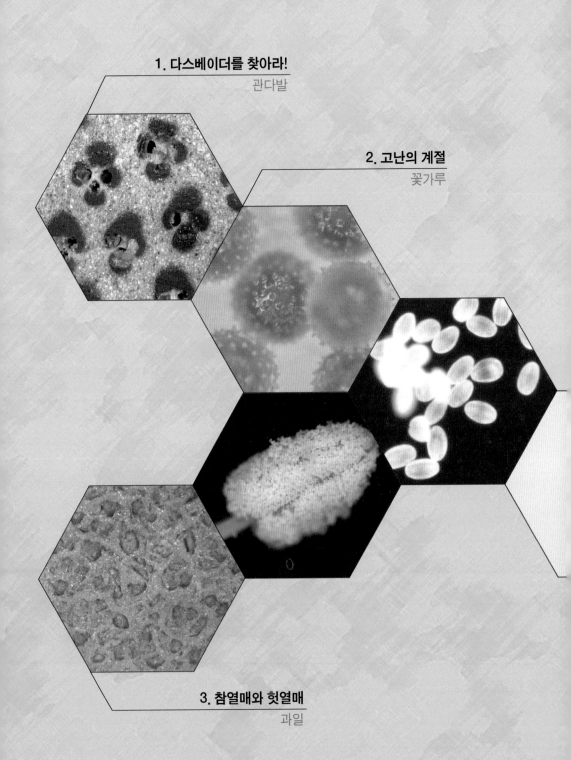

1. 다스베이더를 찾아라!
관다발

2. 고난의 계절
꽃가루

3. 참열매와 헛열매
과일

4. 식물도 고기 맛을 안다?
벌레잡이 식물

5. 미워할 수 없는 녀석
도깨비바늘

I. 식물

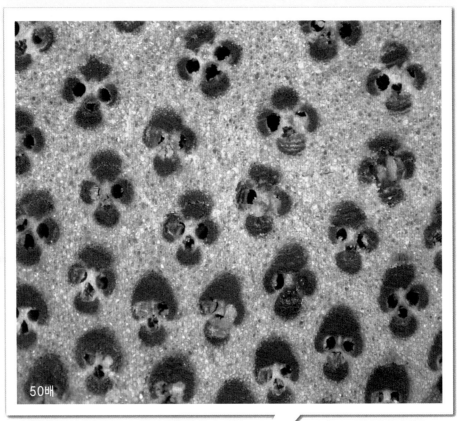

50배

이것은 무엇일까요 QUIZ?

SF 영화, 〈스타워즈(star wars)〉를 아시나요? SF 영화란 상상 속에서나 가능한 일들을 과학적인 사실을 근거로 제작한 공상과학 영화입니다. 1977년 〈새로운 희망〉으로 시작된 〈스타워즈〉 시리즈는 1980년 〈제국의 역습〉, 1983년 〈제다이의 귀환〉으로 〈아바타〉와 같은 선풍적인 인기를 끌었어요.

조지 루카스 감독은 1999년 〈보이지 않는 위협〉, 2002년 〈클론의 습격〉, 2005년 〈시스의 복수〉를 제작했습니다. 그런데 후속편들은 오히려 전편보다 더 앞선 시대를 배경으로 하기 때문에 전편은 '스타워즈 에피소드 – 4, 5, 6', 후속편은 '스타워즈 에피소드 – 1, 2, 3'으로 불려요.

그렇다면 이것은 무엇일까요?

까만 모자를 쓴 원숭이인가요? 아니면 〈스타워즈〉의 주인공, 은하계 최고 악당 '다스베이더'를 복제한 것일까요? 이것은 반찬을 집을 때 사용하는 도구에도 있어요. 우리나라 사람들은 어릴 적부터 이것을 사용하기 때문에 손재주가 좋다고도 하지요.

이것은 무엇일까요?

이것은 반찬을 집을 때 사용하는 도구에도 있어요.

1 다스베이더를 찾아라!

관다발

대나무의 단면

'다스베이더'의 비밀 복제 공장은 바로 대나무 젓가락이었습니다. 대나무의 끝이나 단면을 자세히 보면 놀란 듯 눈을 동그랗게 뜬 다스베이더가 보이지요? 이들의 정체는 무엇일까요? 대나무 줄기에는 어떠한 자연의 규칙과 질서가 담겨 있을까요?

영양소는 혈관을 타고

사람이 에너지를 얻기 위해 섭취한 음식물은 식도의 연동운동에 의해 위로 이동합니다. 이 과정에서 침과 소화기관에서 분비된 소화액의 효소에 의해 탄수화물은 포도당으로, 단백질은 아미노산으로, 지방은 지방산 등으로 잘게 분해됩니다. 분해된 영양소들은 혈관을 따라서 온 몸으로 전달되지요.

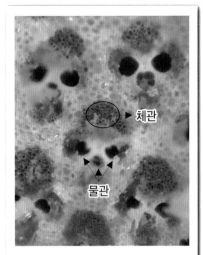

관다발의 구조(200배)

식물의 생명줄, 관다발

뿌리에서 흡수한 물과 무기물은 물관을 통해 잎으로 공급됩니다. 잎에서는 이산화탄소와 물이 햇빛을 받아 탄수화물 등을 만들고 산소를 내놓는 광합성이 일어나요. 그리고 양분은 체관을 통해 뿌리나 줄기로 이동하여 열매로 저장되지요. 다스베이더는 바로 식물의 관다발입니다.

대나무 숯이 다스베이더와 정말 닮았지요? 관다발은 물관과 체관, 그리고 줄기나 뿌리의 성장에 관계되는 분열 능력을 가진 형성층(부름켜)으로 되어 있습니다. 위아래로 세포벽이 없는 고리나 나선 모양의 물관 세포들은 과일 주스에서도 쉽게 찾을 수 있어요. 체관 세포들은 세포벽에 작은 구멍이 있어서 체와 비슷합니다. 물관은 주로 줄기 안쪽에, 체관은 바깥쪽에 있지요.

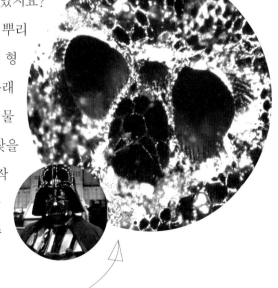

대나무 숯(500배)과
다스베이더

홀쭉이의 비밀

균류, 조류, 선태식물(이끼류), 양치식물, 종자식물 가운데 관다발이 있는 것은 양치식물과 종자식물입니다. 종자식물은 씨방이 없어 밑씨가 밖으로 드러난 겉씨식물과 씨방에 싸여 있는 속씨식물이 있지요.

꽃이 피는 속씨식물은 쌍떡잎식물과 외떡잎식물로 나뉘는데, 이들의 관다발은 배열이 다릅니다. 강낭콩과 같은 쌍떡잎식물의 관다발은 고리처럼 원형으로 배열되며 형성층이 있어서 세포분열로 키와 함께 몸집도 커져요.

메론 주스에 있는 물관
(500배)

반면에 관다발이 불규칙하게 분포된 외떡잎식물은 형성층이 없어 주로 키가 자라요. 그래서 벼, 옥수수, 대나무와 같은 외떡잎식물은 가늘고 기다랗게 자라는 것입니다.

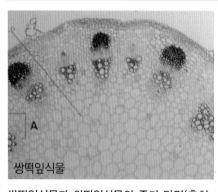
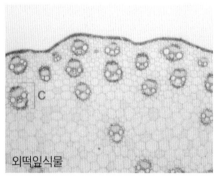

쌍떡잎식물

외떡잎식물

쌍떡잎식물과 외떡잎식물의 줄기 단면(출처 : 한국생물자원관)

대나무는 왜 쑥쑥 자랄까요?

다스베이더는 타고난 악당일까요? 〈스타워즈〉에서 '포스'라는 초자연적인 힘에 의해 부활한 다스베이더의 원래 이름은 '아나킨 스카이워커'였습니다. 기계를 잘 다루고 조종술이 뛰어난 그는 제다이 기사단에서 스승 오비완 케노비에게 수련을 받고 아마딜라 여왕과 결혼하지요.

그러나 어두운 힘의 강력함에 눈을 뜬 그는 기사단을 배신하고 스승과 결투를 벌입니다. 싸움에 패해 거의 죽을 지경이 된 그는, '다스'에 의해 기계 몸을 가진 악당 '다스베이더'로 재탄생했던 것입니다.

죽순의 단면이 물관에 맺힌 물방울 때문에 다스베이더보다 더 무서워 보이네요. 대나무의 땅속줄기에서 자라나는 죽순은 하루에 수십 센티미터씩 자라기도 하지요. '우후죽순(雨後竹筍)'이란 비온 뒤에 쑥쑥 자라는 죽순처럼 어떤 일이 한꺼번에 생긴다는 뜻입니다. 어떻게 이런 일이 가능할까요? 대부분의 식물들은 줄기나 뿌리 끝에만 생장점이 있지만, 죽순의 생장점은 줄기 전체에 퍼져 있어 짧은 기간에 쑥쑥 자란 답니다.

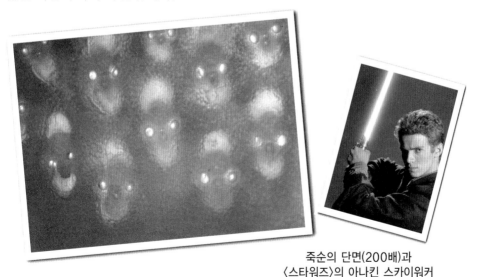

죽순의 단면(200배)과
〈스타워즈〉의 아나킨 스카이워커

50배

이것은 무엇일까요?

QUIZ

따뜻한 봄바람이 불면 냇물이 녹아 흐르며, 앙상했던 나뭇가지에는 파릇파릇한 새싹이 돋아나고, 산과 들에는 꽃들이 피어나기 시작합니다.

그중에서도 진달래와 개나리는 대표적인 봄꽃이에요. 3월 말경에 제주도에서 피기 시작하는 진달래는 약 2주 후면 강원도까지 붉게 물들어요. 개나리는 진달래보다 4~5일 먼저 핀답니다. 기상청은 개나리와 진달래가 꽃 피는 시기를 통해 봄이 언제 오는지를 발표하지요.

개나리는 '나리'에 비해 보잘 것 없다는 뜻에서 접두어 '개'를 사용합니다. 그러나 개나리는 '물푸레나뭇과', 나리는 '백합과' 식물입니다.

일제강점기에 개나리는 일본 형사나 매국노를 지칭했어요. 이상재 선생은 일본 형사들이 보이면 "개나리가 만발하였구나"라고 조롱했지요. 일본 형사들을 '개[犬] 같은 나리'로 비꼰 것입니다. 나리는 왕세자가 아닌 왕자나 3품 이하 당하관의 높임말로서 2품 이상 당상관은 대감이라 불렀습니다. 사육신인 성삼문은 죽는 순간까지도 세조 임금을 나리라 불렀다고 합니다.

그렇다면 이것은 무엇일까요? 개나리의 일부인 이것은 암술에 옮겨 붙으면 새로운 생명체로서 여정을 시작하게 됩니다.

이것은 무엇일까요?

이것이 암술에 수분이 되면 새로운 생명체로서
여정을 시작하게 됩니다.

2 고난의 계절

꽃가루

개나리와 참나리

화창한 봄날! 산과 들에 화려한 꽃들이 피기 시작하면 유채꽃 축제, 산수유 꽃 축제, 벚 꽃 축제, 봄꽃 축제 등 다양한 축제가 열려요. 그러나 꽃가루 알레르기가 있는 사람들에게 는 반갑지만은 않지요.

꽃가루 알레르기란 꽃가루의 자극에 의해 재채기, 콧물, 코막힘, 눈 가려움증, 결막염 등 이 생기는 현상입니다. 특히 알레르기성 비염은 인구의 15퍼센트가 않을 정도로 흔한 질환 입니다. 그렇다면 모든 꽃가루가 알레르기를 일으킬까요?

생명의 시작, 수분

꽃가루(화분)란 수술의 꽃밥 속에 들어 있는 가루로서 이것이 암술머리에 붙으면 꽃가루받이(수분)가 일어납니다. 따라서 꽃이 피더라도 수술의 꽃밥이 터져야만 수분이 일어납니다. 수술에 빼곡히 들어찬 꽃가루들이 보이나요? 수분에는 같은 꽃의 꽃가루가 암술머리에 붙는 자가수분과 다른 꽃의 꽃가루를 받는 타가수분, 그리고 인공수분이 있습니다.

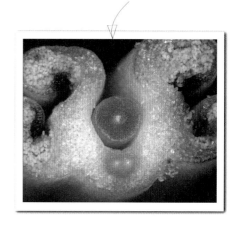

백합 수술의 단면(50배)

수분이 되면 꽃가루는 가느다란 꽃가루관을 지나 씨방에 도달한 후 꽃가루 핵이 밑씨 속으로 들어가 수정됩니다. 밑씨는 자라서 씨가 되고, 씨방은 열매가 됩니다. 아! 우리가 즐겨 먹는 과일이 수술의 꽃가루와 암술의 수분이 만나서 생긴 열매에요. 과일을 한 입 물면 꽃향기가 향기롭지 않나요?

백합의 수술

백합의 꽃가루(50배)

수분을 도와주는 것들

꽃은 수분을 일으키는 매개체에 따라 충매화, 풍매화, 조매화, 수매화로 나뉘어요. 어떤 차이가 있을까요?

곤충에 의해 수분되는 충매화는 곤충을 유혹하는 화려한 색깔을 띠거나 향기가 나요. 또 꽃가루는 곤충에 잘 달라붙도록 돌기나 점액이 있으며, 양이 적고 무거워요. 무궁화, 호박꽃, 장미꽃, 봉숭아꽃, 국화꽃, 개나리꽃 등이 있습니다.

국화꽃 위에 앉은 꿀벌

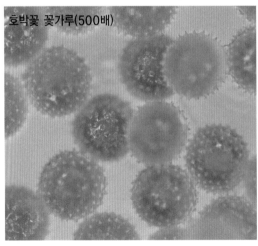

호박꽃 꽃가루(500배)

바람에 날려 수분되는 풍매화는 꽃이 수수하고 꿀은 없지만, 꽃가루의 크기가 작고 양이 많습니다. 또 소나무 꽃가루처럼 공기주머니와 같은 기관이 있어 가볍기 때문에 공기 중에서 잘 퍼져 나가요. 소나무, 삼나무, 버드나무, 벼, 보리, 밀, 강아지풀, 옥수수, 수수, 갈대 등이 있습니다.

새들에 의해 수분되는 조매화는 꿀이 많아요. 바나나, 파인애플, 선인장과 같은 열대 식물과 온대 식물로는 동박새에 의해 수분되는 동백나무가 있어요.

물에 의하여 꽃가루가 수분되는 수매화로는 나사말과 연꽃과 같은 수생식물이 있습니다.

꽃가루 알레르기의 주범

바로 풍매화가 꽃가루 알레르기를 일으키는 주범입니다. 따라서 소나무나 참나무, 자작나무, 사시나무 꽃가루가 날리는 시기에 꽃가루 알레르기 증세가 특히 심해져요. 일주일 정도 지속되는 여름 감기는 재채기, 콧물, 코막힘 등의 증세가 하나씩 나타나지만, 꽃가루 알레르기는 이들 증세가 한꺼번에 나타나기 때문에 더욱 괴롭답니다.

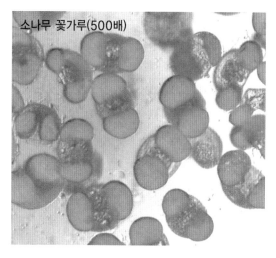

소나무 꽃가루(500배)

동백나무 꽃가루(500배)

꽃가루 알레르기 예방법

미국은 돼지풀 꽃가루 알레르기 환자가, 일본은 삼나무 꽃가루 알레르기 환자가 많습니다. 꽃가루 알레르기를 피할 수는 없을까요?

꽃가루 알레르기 환자의 자료를 토대로 기상청에서 발표한 지역별 '꽃가루 달력'에 따르면 3~5월은 나무, 5~7월은 잔디, 8~10월은 잡초에 의한 알레르기가 많아요. 따라서 꽃가루 알레르기의 원인이 되는 꽃이 필 때는 되도록이면 외출을 삼가고 방문을 잘 닫아야 합니다.

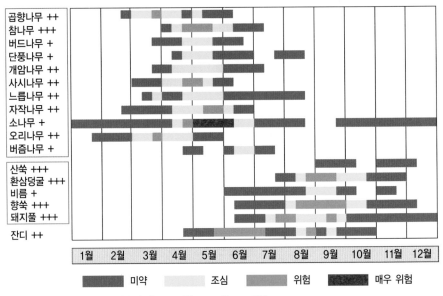

서울 지역 꽃가루 알레르기 위험도 달력(출처 : 기상청 국립기상연구소)
(1997~2007)

※ 알레르기 유발 정도 : + 미약, ++ 조심, +++ 위험

그러나 꽃가루를 완전히 차단할 수는 없기 때문에 증상을 완화하거나 재발을 막는 약물이나 면역요법을 사용하기도 합니다.

꽃가루는 식물마다 모양과 크기가 다르며 껍질이 단단하여 화석으로 남기 때문에 이로부터 당시의 기후나 식물 분포를 알 수 있습니다. 소나무 꽃가루가 많으면 건조한 기후, 참나무가 많으면 습한 기후로 추정할 수 있지요.

최근 온대기후인 우리나라가 지구온난화로 인해 아열대기후로 변하고 있다고 걱정을 많이 하지요? 꽃가루 화석 연구에 따르면 우리나라도 이미 5000~6000년 전에는 아열대기후°였다고 합니다.

● 이상헌, 〈과학세상 — 꽃가루 화석에 찍힌 한반도〉, 《동아사이언스》 2009년 4월 9일자.

다양한 꽃가루(500배)

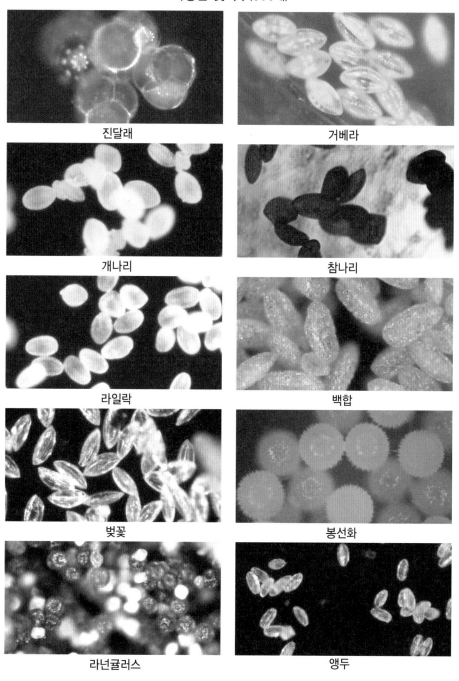

진달래

거베라

개나리

참나리

라일락

백합

벚꽃

봉선화

라넌큘러스

앵두

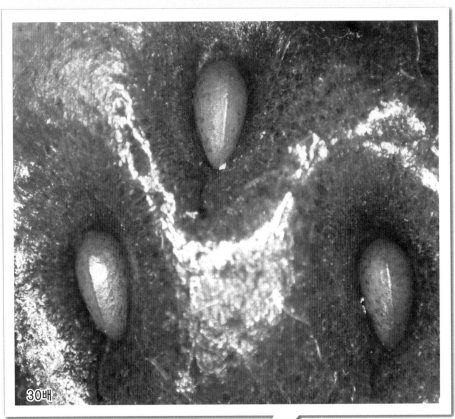

30배

귤, 사과, 배, 포도, 감, 토마토, 바나나, 파인애플…… 이들 중 지금은 흔하지만, 삼국시대부터 제주에서 재배된 귤은 '선계(仙界)의 맛'을 가진 것으로 유명하며 임금님께 진상하던 작물이었습니다.

바나나와 파인애플도 예전에는 주로 동남아시아나 인도 혹은 중동에서만 생산되었습니다. 지금은 비닐하우스 재배 기술이 발달해서 우리나라에서도 망고나 두리안처럼 이름조차도 생소한 열대 과일이 생산되고 있습니다.

그렇다면 이것은 무엇일까요?

화성에 충돌한 운석인가요? 전쟁이나 재난 등을 연상시키는 붉은 행성인 화성은 고대 그리스와 로마에서는 전쟁의 신을 의미했습니다. 그러나 이것은 9~10월에 심어서 이듬해 5~6월에 수확하는 새콤달콤한 과일이에요. 이 과일은 치아 사이에 끼는 것이 많기 때문에 맛있게 먹은 후에는 입 안을 잘 헹구어야 한답니다.

이것은 무엇일까요?

이것은 9~10월에 심어서 이듬해 5~6월에
수확하는 새콤달콤한 과일이에요.

3 참열매와 헛열매

과일

하우스에서 재배되는 열대 과일 용과(제주 동산농원)

우리나라에서 재배되는 과일로는 사과, 감, 배, 감귤, 포도, 딸기 등이 있습니다. 그중에서 감귤은 따뜻한 제주도의 대표적인 특산물이지요. 그러나 최근에는 하우스 재배 기술의 발달로 많은 열대과일이 감귤을 대체하고 있어요. 뿐만 아니라 제주도가 아열대화되면서 열대과일도 노지에서 재배되고 있습니다. 노지재배란 제철에 맞게 햇빛과 비바람 등을 맞으면서 자연 상태로 재배하는 방법입니다.

이름도 신기한 열대 과일

망고스틴, 두리안, 구아바, 망고, 리치, 람부탄, 슈가애플, 용과는 모양도 맛도 생소한 열대 과일입니다. 리치와 람부탄의 겉은 다르지만 알맹이는 매우 비슷합니다. 말레이시아어로 털이 있는 열매란 뜻의 람부탄은 밀림의 해삼으로 불립니다. 과일의 여왕이라는 리치는 양귀비가 즐겨 먹었다고 합니다.

딸기는 헛열매

과일이란 사람이 먹을 수 있는 식물의 열매로서 참열매와 헛열매가 있습니다. 참열매는 씨를 둘러싼 암술의 씨방이 자란 열매이며, 헛열매는 씨방 대신에 꽃받침, 꽃받기 혹은 꽃대 등이 자란 것입니다.

복숭아, 오이, 수박, 토마토, 밤, 감, 귤 등은 참열매인 반면에 석류는 꽃받침이, 사과, 배, 딸기는 꽃받기가, 파인애플과 무화과는 꽃대가 자란 헛열매이지요. 아! 새콤달콤한 딸기는 헛열매에요.

딸기 씨(200배)

그렇다면 딸기의 참열매는 어디에 있을까요? 딸기 표면에 운석처럼 박힌 딸기 씨가 바로 참열매입니다. 헛열매인 딸기에는 400여 개의 참열매가 박혀 있답니다.

딸기는 과일인가요?

먹을 수 있는 열매가 과일입니다. 그리고 채소란 식용으로 재배되는 식물의 잎, 줄기, 뿌리 혹은 꽃이에요.

과일과 채소를 어떻게 구분할까요? 대개 과일은 감, 사과, 배처럼 여러 해 동안에 나무에서 맺히는 열매를 말합니다. 다년생 포도나무 덩굴에서 열리는 포도는 과일이에요. 반면에 채소는 해마다 씨를 뿌려야 수확할 수 있는 열매입니다. 따라서 수박, 참외, 딸기, 토마토, 콩, 고추 등은 채소입니다.

딸기 맛 우유에 연지벌레가?

연지벌레

딸기 맛 우유의 연분홍색은 딸기의 색깔일까요? 딸기 주스도 색깔이 그렇게 진하지 않습니다. 게다가 딸기 맛 우유 200밀리리터에 들어 있는 딸기는 1.2그램에 불과하지요.

그렇다면 분홍색은 어디서 나온 것일까요? 딸기 맛 우유나 햄, 맛살의 분홍색은 중남미 사막지대의 선인장에 기생하는 연지벌레에서 추출한 코치닐 색소를 사용합니다. 딸기 향도 합성 향료를 사용하고 있어요.

바나나 맛 우유나 단무지의 노란색은 치자 열매에서 추출한 황색 색소를 사용해요. 이 밖에도 자주색 양배추, 오징어 먹물, 캐러멜 등 다양한 천연 색소가 있습니다.

식품첨가물이 무조건 해롭지는 않지만 함유량이 많거나 불순물이 섞여 있으면 문제가 됩니다. 몸에 좋은 음식도 과식하면 배탈이 나는 것처럼요.

사과의 숨구멍을 막아라!

사과 껍질에서 노란색 점으로 보이는 것은 사과의 숨구멍으로 과점이라고 합니다. 과점으로 들어온 산소는 사과의 당을 산화시켜 영양소를 파괴하지요. 이때 발생한 열은 수분을 증발시키기 때문에 사과가 빨리 시들며 각종 병원균이 과점으로 침투하기도 합니다. 과점은 다른 곳보다 껍질이 약해 국수를 만드는 소면으로도 구멍을 뚫을 수 있습니다.

사과를 신선하게 저장하는 방법은 숨구멍을 막고 낮은 온도에서 저장하는 것이지요. 산화와 같은 화학반응은 온도가 낮을수록 늦게 일어나기 때문입니다. 과일에서 나오는 에틸렌 기체도 과일을 빨리 숙성시키기 때문에 과일을 랩으로 감싸서 냉장고에 두면 오래 보관할 수 있어요.

사과 껍질(200배)

얼어붙은 배, 동리

할아버지 손을 잡아본 적이 있나요? 오랜 세월 역경을 이겨내신 할아버지의 손은 마치 배 껍질처럼 거칠고 검은 반점이 많지요. 이처럼 나이가 들면 피부에 반점이 생겨나며 거칠어지기 때문에 90세가 되신 분을 '동리(凍梨)'라고 부릅니다. '얼어붙은 배'라는 뜻이지요.

배는 가을이 제철인 과일로 수분 함량이 높고 석세포(石細胞)가 있어 단맛이 납니다. 식이섬유가 풍부하고 칼륨이 많아 고혈압 환자에게 좋지만, 비타민C는 많지 않고 씨에는 독성이 있어요. 또 항산화 성분이 많은 사과 껍질과는 달리 배 껍질에는 영양소가 많지 않습니다.

배를 먹을 때 모래 알갱이처럼 씹히는 석세포는 기계로도 갈리지 않을 만큼 단단해서 배를 먹으면 양치질한 것처럼 입 안이 개운합니다. '배 먹고 이 닦기'도 '도랑 치고 가재 잡고', '꿩 먹고 알 먹고', '누이 좋고 매부 좋고'처럼 일거양득(一擧兩得)을 뜻하는 속담으로 쓰입니다.

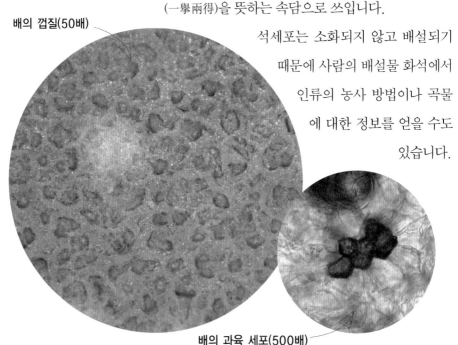

배의 껍질(50배)

석세포는 소화되지 않고 배설되기 때문에 사람의 배설물 화석에서 인류의 농사 방법이나 곡물에 대한 정보를 얻을 수도 있습니다.

배의 과육 세포(500배)

건강에는 탄산음료보다 과일주스가 더 좋습니다. 그런데 토마토나 메론 주스에는 기다란 스프링이 들어 있어요. 볼펜 스프링은 아니겠지요? 이것은 '다스베이더를 찾아라!'에서 보았던 관다발의 물관입니다.

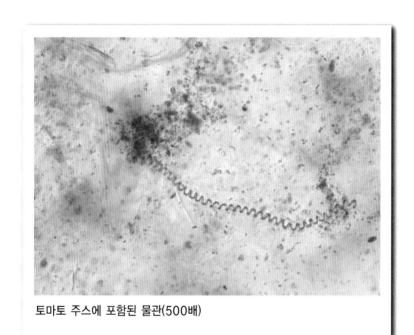

토마토 주스에 포함된 물관(500배)

이처럼 관다발은 줄기나 잎뿐만 아니라 과일 안에도 연결되어 있어 뿌리에서 올라온 물과, 잎에서 만들어진 영양분을 공급하는 통로가 됩니다.

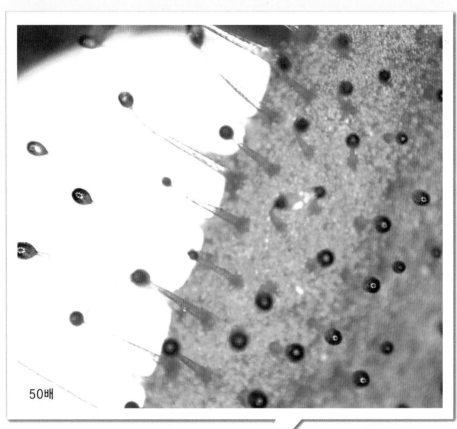

50배

이것은 무엇일까요 ?

식물들은 물과 이산화탄소, 햇빛을 이용한 광합성으로 탄수화물을 만듭니다. 그리고 토양에서 흡수한 질소 화합물을 탄수화물과 결합시키는 질소 동화작용으로 단백질이나 핵산과 같은 질소 화합물을 생산하지요.

그러나 생태계의 이단아, 벌레잡이 식물은 이 외에도 곤충, 거미, 갑각류, 진드기 등으로부터 질소를 얻기도 합니다. 왜냐하면 이들의 서식지인 늪이나 습지, 절벽 등에는 질소가 부족하기 때문이에요. 이들은 식충식물 또는 포충식물이라고도 합니다.

그렇다면 이것은 무엇일까요?

푸른 초원 위에 아름답게 솟아난 붉은 망대일까요? 대표적인 벌레잡이 식물인 이것은 파리지옥, 네펜테스, 통발 등과 마찬가지로 자신만의 독특한 사냥법을 갖고 있습니다. 파리지옥! 이름만으로도 무섭지 않나요?

이것은 무엇일까요?

이것은 대표적인 벌레잡이 식물의 하나랍니다.

4 식물도 고기 맛을 안다?

벌레잡이 식물

끈끈이주걱

치타는 빠른 발로 쏜살같이 먹이를 낚아챕니다. 사자는 잔뜩 웅크리고 먹잇감에게 조심스럽게 다가가서 순식간에 덮치지요. 벌레잡이 식물들은 어떻게 먹이를 잡을까요?

이들은 화려한 색깔과 진한 향기로 곤충들을 유인합니다. 그리곤 점액을 분비하거나(끈끈이식), 잎을 열고 닫거나(포충식), 함정에 떨어뜨리거나(함정식), 빨아들여(흡입식) 먹이를 잡습니다.

벌레 먹는 풀

끈끈이식으로 벌레를 잡는 대표선수는 끈끈이주걱이에요. 잎에 돋아난 엷은 붉은색의 선모 끝에서 분비되는 투명한 점액은 먹이를 잡는 접착제와 같아요. 점액에는 먹이를 녹이는 소화효소와 먹이가 썩지 않게 하는 성분도 들어 있어요. 이 점액은 마치 반짝이는 이슬이 달려 있는 것처럼 보이기도 하여, 끈끈이주걱을 보석 풀이라고 부르기도 합니다.

점액을 꿀로 착각한 곤충들이 선모에 앉으면 선모는 먹이를 향해 휘는 굴곡 운동을 합니다. 그러나 선모들이 곧바로 휘지는 않아요. 선모는 대개 먹이가 두 번 이상 연속으로 접촉해야 휩니다. 먹이가 살아 있는 것을 확인하려는 것이지요. 먹이를 향해 있는 선모들이 신기하지요?

그렇다면 선모에도 먹이에서 섭취한 영양분을 이동시키는 관다발이 있을까요? 가느다란 선모 안에 물관이 보이지요? 물관이 있으면 물론 체관도 있습니다.

선모와 관다발(500배)

아마도 파리들이 가장 무서워하는 것은 파리채가 아니라 파리지옥이 아닐까요? 다윈은 지구 상에서 가장 신비한 식물로 파리지옥을 손꼽았어요. 파리지옥의 잎 가장자리에는 가시 같은 톱니가 있는데 먹이가 들어오면 순식간에 잎을 닫아 먹이를 질식시킵니다.

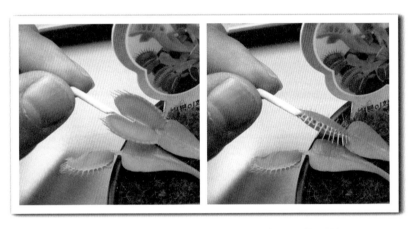

먹이를 잡은 파리지옥

파리지옥은 먹이를 어떻게 구분할
까요? 파리지옥의 잎 양쪽에는 각각
3개씩 6개의 감각모가 있어요. 파리지
옥도 끈끈이주걱처럼 먹이가 두 번째
감각모에 닿을 때까지 기다립니다. 먹
이가 안쪽으로 깊숙이 들어와야 사냥
에 성공할 수 있기 때문입니다.

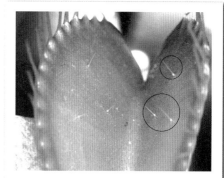

파리지옥의 감각모

　파리지옥의 잎은 불과 0.5초 만에
닫혀요. 잎에 자극이 주어지면 잎 안쪽의 수분이 바깥쪽으로 이동하면서 안쪽은
수축하고, 바깥쪽이 팽창하면서 잎이 닫혀요. 먹이는 1~2주 동안 서서히 분해
됩니다. 잎은 3~4회 먹이를 잡고 나면 시들어버립니다.

함정에 빠진 곤충

　들짐승을 사냥할 때 구덩이를 파서
함정을 만들지요? 벌레잡이 풀은
길게 늘어진 잎의 끝에 있는 포충
자루를 함정으로 이용해요. 꽃잎은
없지만, 자루 안의 선세포에서 분비
되는 꿀과 향기로 먹이를 유인하지요.

　포충자루 안쪽의 선모는 아래쪽으로 향
하고 있으며, 벽은 미끄러운 왁스 층이기 때문에
먹이가 자루에서 빠져나올 수 없답니다. 벌레잡이 풀은 소
화액을 분비하여 공생균인 박테리아와 함께 먹이를 분해합
니다.

벌레잡이 풀(네펜데스)과
자루 안의 꿀샘(200배)

통발은 과학적인 사냥꾼

수생식물인 통발은 먹이를 과학적으로 잡아요. 평상시에는 포충자루 안의 물을 빼내어 내부의 압력을 낮춘 상태로 유지합니다. 그리고 먹이가 감각모를 건드리는 순간 포충자루의 입구가 열리면서 압력 차이에 의해서 물과 함께 먹이가 포충자루 안으로 순식간에 빨려들어 가지요. 과연 통발은 물속에서의 무게와 압력을 이해하고 있는 것일까요?

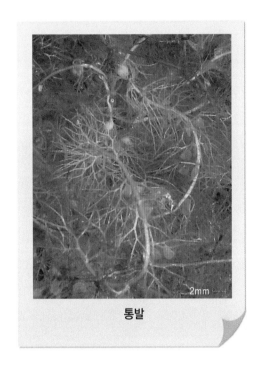

2mm

통발

모기를 퇴치하는 구문초

여름철 불청객 모기! 옛날에는 모기나 파리 등을 쫓으려고 마당에 초피나무나 산초나무를 심었습니다. 이 나무들은 살충 효과가 있는 산시올이라는 독특한 향을 내기 때문입니다. 소나무의 테르펜 향도 벌레들이 싫어하기 때문에 지금도 한옥을 지을 때는 소나무를 많이 사용한 답니다.

로마시대부터 방충제로 사용했다는 라벤더 꽃의 향도 모기를 쫓아내요. 그래서 모기에 물리지 않도록 라벤더 오일을 바르기도 합니다. 모기를 몰아내는 풀이라는 뜻을 가진 구문초(驅蚊草, 로즈 제라늄)의 향도 역시 모기가 싫어해요.

구문초

30배

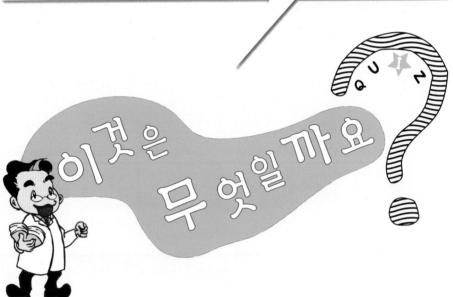

이것은 무엇일까요?

지금은 대부분 집 안에 깨끗한 수세식 화장실이 있지만, 예전에는 푸세식 화장실이 집의 구석진 곳에 있었지요. 화장실은 냄새가 나고 세균들이 많기 때문입니다. 절에서는 화장실을 해우소(解憂所)라고 부릅니다. 근심을 풀어주는 곳이라는 뜻이지요.

그러나 밤에는 도깨비가 나온다는 말에 화장실에 가는 것을 무서워하기도 했습니다. 도깨비는 중국의 강시, 일본의 인뇨(인형), 미국의 호박 귀신, 루마니아의 뱀파이어 등에 견줄 수 있는 우리나라 토종 귀신입니다.

도깨비와 관련된 민화 중에는 혹 떼려다 혹을 붙인 '혹부리 영감'이 유명해요. 전래동화는 대부분 착한 일을 권장하고 악한 일을 징계한다는 권선징악(勸善懲惡)의 주제가 많아요.

그렇다면 이것은 무엇일까요?

삼지창처럼 생긴 이것은 자신도 모르게 옷에 달라붙기 때문에 귀신과 같은 바늘이라는 뜻의 귀침초(鬼針草)라 불리기도 합니다. 이것을 떼어 내려면 번거롭지만, 그들에게는 생존을 위한 처절한 몸부림인 것이지요.

이것은 무엇일까요?

삼지창처럼 생긴 이것은 귀침초라 불리기도 합니다.

5 미워할 수 없는 녀석

도깨비바늘

도깨비바늘

산과 들 혹은 풀숲을 거닐다 보면 여기저기에 도깨비바늘이 붙어요. 갈고리처럼 생긴 도깨비바늘은 사람의 옷이나 동물의 털에 달라붙어 씨를 널리 퍼뜨린답니다.

토종 귀신인 도깨비와는 달리 도깨비바늘은 귀화식물입니다. 귀화식물에는 줄기를 자르면 애기똥과 같은 노란 액이 나오는 애기똥풀, 아주까리, 짚신나물, 토끼풀, 패랭이꽃, 층층이꽃 등 재미있는 이름을 가진 식물이 많습니다.

애기똥풀   아주까리   짚신나물

톱풀   패랭이꽃   층층이꽃

사람을 괴롭히는 도깨비바늘

국화과의 한해살이 풀인 도깨비바늘의 어린 잎은 먹기도 하며, 생즙이나 말린 잎은 해독제로도 사용합니다. 털도깨비바늘은 도깨비바늘보다 훨씬 넓적하고 가시가 두 개입니다. 그리고 울산도깨비바늘, 흰도깨비바늘 등도 있어요.

털도깨비바늘(30배)

그런데 왜 도깨비바늘이라 부를까요?

전래동화의 주인공 도깨비는 남몰래 좋은

관모가 섬유에 달라붙은 모습(30배)

일도 하고, 때론 숨어서 장난도 칩니다. 옷에 달라붙은 도깨비바늘도 마치 도깨비가 장난치는 것처럼 움직일 때마다 살을 콕콕 찌르기 때문에 붙은 이름입니다. 도깨비바늘은 기다란 씨의 끝에 있는 관모가 옷 속 깊숙이 달라붙어 떼내기가 어렵습니다.

관모가 섬유 사이로 파고 들어가 있는 것이 보이나요? 창끝처럼 날카로운 관모는 쉽게 옷을 파고 듭니다. 그리고 마치 고기를 낚듯이 반대 방향으로 난 털로 옷에 달라붙는 것입니다.

치열한 번식 전략

도깨비바늘이 사람이나 동물에 달라붙는 것은 종족 보존을 위해 씨를 퍼뜨리기 위한 것입니다. 식물들은 어떻게 씨를 퍼뜨릴까요? 민들레는 꽃이 지면 흰 갓털이 씨앗에 붙어 낙하산 모양으로 바람을 타고 널리 퍼집니다.

바람에 날리는 민들레 홀씨

헬리콥터의 프로펠러처럼 생긴 단풍나무 씨앗은 떨어질 때 공기의 저항에 의해 회전하면서 바람을 타고 주위로 흩어지지요. 도둑놈의 갈고리나 도꼬

식물이 씨를 퍼뜨리는 방법

방법	씨나 열매의 특징	종류
동물에게 먹혀서	열매가 맛있음	딸기, 토마토, 참외
꼬투리가 터져서	꼬투리가 건조해지면 껍질이 터지면서 씨가 튕겨 나감	콩, 복숭아, 나팔꽃
바람에 날려서	털이나 날개같이 바람에 잘 날리는 구조	민들레, 단풍나무, 소나무
동물의 몸에 붙어서	바늘이나 갈고리가 있거나 끈끈한 물질이 있음	도깨비바늘, 도꼬마리, 진득찰
물 위에 떠서	공기 주머니 등으로 물에 떠 있을 수 있음	연꽃, 수련, 야자나무

마리는 도깨비바늘처럼 갈고리 모양의 가시를 이용해서 사람이나 동물에 달라붙으며, 진득찰은 분비되는 끈끈한 물질을 이용합니다.

도둑놈의 갈고리와 진득찰

단풍나무의 씨

벨크로와 도꼬마리

벨크로는 갈고리처럼 생긴 한 면이 다른 쪽의 털에 달라붙게 되어 있습니다. 1948년, 스위스의 메스트랄이 엉겅퀴 씨앗의 모양을 보고 발명한 것입니다. '벨크로 테이프'는 붙였다 뗄 때 '찌-지-직' 소리가 나기 때문에 '찍찍이'로도 불립니다. 도꼬마리도 엉겅퀴와 비슷합니다.

◀ 벨크로(30배) ▼ 도꼬마리(30배)

생체 모방 공학

벨크로처럼 동식물의 특징을 모방하여 새로운 기술이나 제품을 만드는 것을 생체 모방 공학이라 합니다. 또 어떤 예가 있을까요?

도마뱀붙이는 천장이나 유리 벽면에 거꾸로 매달려 자유롭게 기어오릅니다. 발바닥에 많은 미세한 털들이 물체 표면과의 인력에 의해 도마뱀붙이를 지탱해 주기 때문이지요. 이를 모방한 '도마뱀붙이 테이프'는 화학물질을 사용하지 않는데도 접착력이 놀랍습니다.

수영 선수들이 입는 전신 수영복에는 물과의 마찰을 줄여주는 상어 비늘을 본 뜬 미세한 돌기가 돋아 있습니다. 전복 껍데기는 타일처럼 생긴 수많은 탄산칼슘 층과 고분자 층이 겹겹이 쌓여 있어 매우 단단합니다. 이러한 원리를 이용해서 탱크의 철갑이나 가벼우면서도 총알을 막을 수 있는 방탄복을 만들기도 하지요. 미래에는 바퀴벌레, 지네, 파리 등이 새로운 첨단 소재의 아이디어를 제공할 것입니다.

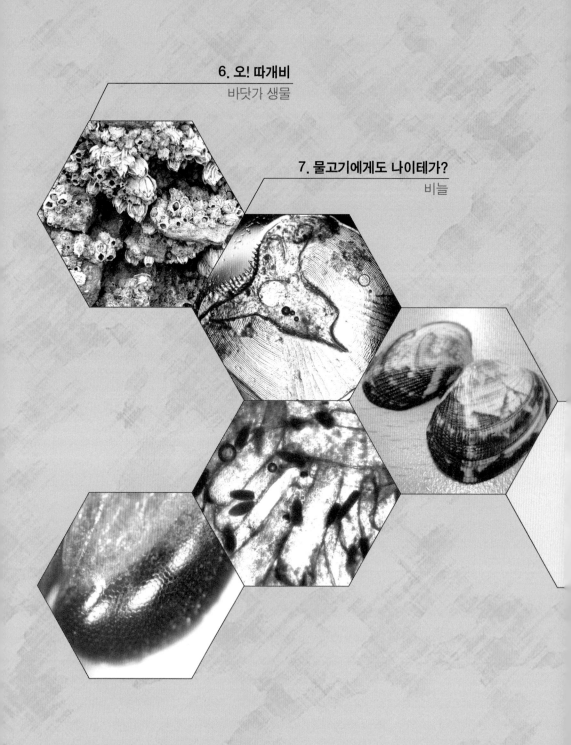

6. 오! 따개비
바닷가 생물

7. 물고기에게도 나이테가?
비늘

8. 우주인과 우주초파리
초파리의 한살이

9. 다 덤벼!
사마귀

Ⅱ. 동 물

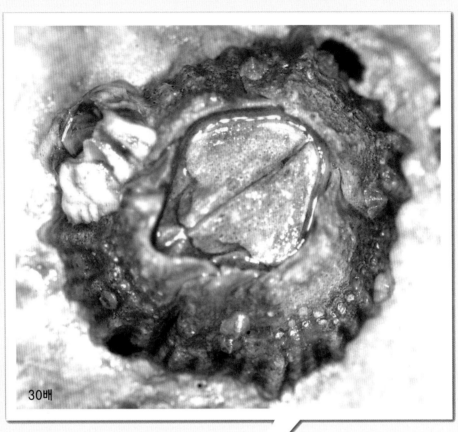

30배

이것은 무엇일까요?

QUIZ

우리나라 서해안 갯벌은 캐나다 동부 연안, 미국 동부 조지아 해안, 북해 연안 및 아마존 유역과 함께 세계 5대 갯벌 중 하나로 손꼽힙니다. 갯벌은 수산물의 보고일 뿐만 아니라 생태계 정화, 야생 생물 보존, 패류 산란 및 생육 장소로도 중요하지요.

바닷가에 형성된 넓고 평평한 갯벌은 대개 강물을 따라 운반된 흙과 모래가 오랫동안 쌓여서 형성된 지형입니다. 갯벌은 입자 크기에 따라서 사질(모래)갯벌, 이질(펄)갯벌, 혼성갯벌, 자갈벌 등으로 나뉘어요. 갯벌 하면 발이 푹푹 빠지는 펄갯벌로 생각하지만, 모래사장도 갯벌입니다.

그렇다면 이것은 무엇일까요?

마치 종상화산˚인 한라산 정상처럼 보이지요? 바닷가에 흔한 이것은 돌이나 굴 등에 단단하게 붙어서 사는 고착성 조개입니다. 손이 닿으면 바로 입을 꽉 다물지요. 자세히 보면 큰 것에 작은 것들이 더덕더덕 붙어 있습니다.

● 점성이 강한 용암이 단 한 번에 분출하여 굳어서 생긴 화산으로 산꼭대기가 종을 엎어 놓은 모양이다.

이것은 무엇일까요?

바닷가에 흔한 이것은 돌이나 굴 등에 붙어서 삽니다.

6 오! 따개비

바닷가 생물

강화도 갯벌

2007년 12월 7일! 충청남도 태안 앞바다에서 유조선과 크레인 운반선이 충돌하면서 엄청난 양의 원유가 유출되었습니다. 이로 인해 태안 앞바다의 갯벌을 비롯한 해양생태계가 크게 파괴되었고, 어민들은 엄청난 고통을 겪었지요. 이러한 사고는 결국 부메랑이 되어 우리에게로 돌아오기 때문에 안전사고는 철저히 예방해야 합니다.

바다 바퀴벌레

바닷가에서 처음 만나게 되는 생명체는 아마도 잽싸게 도망치는 갯강구일 것입니다. '강구'는 바퀴벌레의 사투리입니다. 따라서 갯강구란 바다 바퀴벌레란 뜻이지요. 사람들이 갯강구를 징그러워하는 것도 이유가 있지요? 갯강구는 겹눈을 갖고 있는데, 절지동물은 대부분 겹눈입니다.

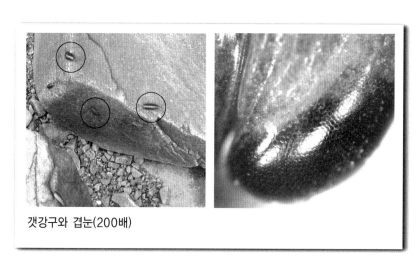

갯강구와 겹눈(200배)

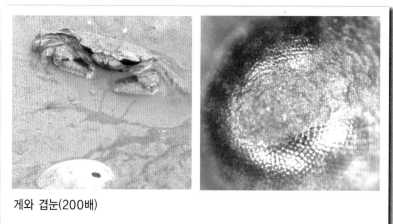

게와 겹눈(200배)

갯강구와 게는 이웃사촌?

바닷가의 대표적인 절지동물은 게입니다. 갯강구와 게는 다른 종이지만, 이들은 겹눈 외에 특이한 공통점이 있습니다. 그것은 바로 다리에 먹물이 번진 것처럼 특이한 모양의 무늬가 있다는 것입니다. 그렇다면 다리가 12개인 갯강구와 10개인 게는 이웃사촌일까요?

뿐만 아니라 고등어와 방어, 멸치 같은 생선의 배 쪽에도 비슷한 무늬가 있어요. 이들은 완전히 다른 종인데, 비슷한 무늬가 있는 것이 신기하지요?

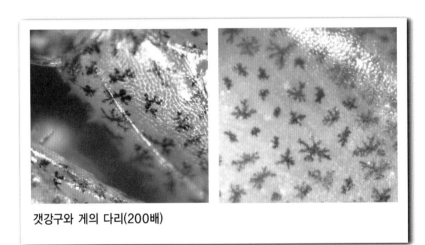

갯강구와 게의 다리(200배)

고등어와 멸치의 색소 세포(200배)

이것들은 색소 세포입니다. 비슷한 환경에 서식하는 바닷가 생물들은 비슷한 색소 세포를 갖고 있습니다.

따개비, 다윈의 친구

게나 갯강구처럼 흔한 조간대 생물로 따개비가 있습니다. 조간대란 밀물 때 바닷물에 잠기고 썰물 때 뭍으로 드러나는 해안이지요. 썰물 때 순판을 닫고 있던 따개비는 밀물 때 순판을 열어 플랑크톤 등을 잡아먹습니다.

그런데 다윈은 그 흔하디흔한 따개비를 8년이나 연구했습니다. 《종의 기원》을 집필한 그는 진화론의 증거를 확보하기 위해 20년 동안 발표를 미루었지요. 그 증거 중 하나가 바로 따개비입니다.

따개비는 처음에는 3쌍의 다리와 1개의 눈으로 물속을 헤엄쳐요. 그러다가 차츰 다리와 눈은 없어지고 시멘트 샘에서 분비한 석회질 외투막으로 몸을 보호합니다. 따개비는 위험하면 순판을 닫습니다. 순판은 잘 열리지 않으며, 무리하게 힘을 주면 부서져버려요. 순판을 쉽게 열 수는 없을까요?

바위에 붙어 있는 따개비

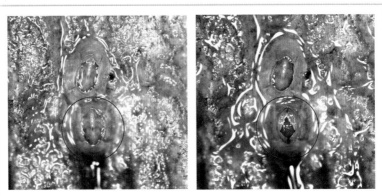
순판이 열리기 전과 후의 어린 따개비(50배)

따개비는 조간대 생물입니다. 따라서 썰물 때 오랫동안 따가운 햇살에 노출되어 있던 따개비에 물을 떨어뜨리면 따개비가 밀물로 착각하고 순판을 열지요. 어린 따개비가 순판을 열고 있는 모습이에요. 귀엽지요?

떠돌이 플랑크톤

수중생물들은 생존 방식에 따라 플랑크톤처럼 물에 떠다니는 부유생물, 자유롭게 헤엄치는 유영생물(넥톤), 물 밑이나 바위 등에 달라붙거나 기어다니는 저서생물(벤토스), 다른 생물에 붙어사는 기생생물로 나뉘어요.

그리스어로 '방랑당하는 자'를 뜻하는 플랑크톤 외에도 대부분의 수중 미생물들은 성장기에 유생 플랑크톤 단계를 거칩니다. 이에 비해 평생토록 플랑크톤으로 살아가는 것을 종생 플랑크톤이라고 해요.

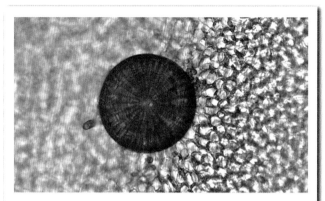
바다에서 발견한 식물성 플랑크톤 *Actinoptychys*(500배)

해조류 색깔의 차이는?

바다는 우리가 섭취하는 동물성 단백질의 16퍼센트를 제공합니다. 식용으로 사용하는 해조류(海藻類, 바닷말)는 육상식물과 비슷하지만 잎, 줄기, 뿌리의 구분이 없고 포자로 번식해요. 따라서 관다발이 있는 종자식물인 해초(海草)와는 달라요.

또 바닷물의 깊이에 따라서 도달하는 빛의 파장이 다르기 때문에 해조류는 서식하는 깊이에 따라서 도달하는 빛을 잘 흡수할 수 있도록 녹색, 갈색, 붉은색을 띱니다.

녹조류

비교적 햇빛이 잘 드는 얕은 바닷가에는 녹조류인 파래와 청각이 많습니다. 파래는 모래사장, 하구처럼 영양분이 풍부하고 물결이 거칠고 염분 농도가 높은 깊은 바다에 접한 암초에서 자랍니다. 그러나 파래가 이상 번식하면 생태계뿐만 아니라 주변 경관을 해치며, 악취를 풍기는 등 피해를 가져옵니다.

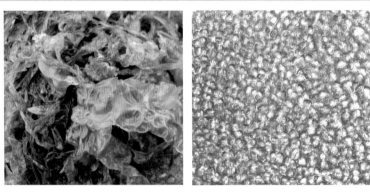

파래와 확대한 모습(500배)

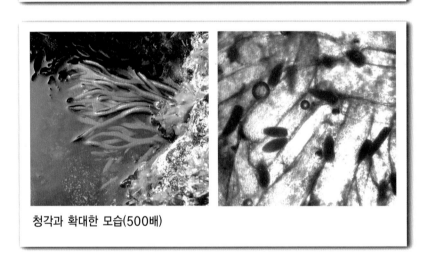

청각과 확대한 모습(500배)

갈조류

약간 깊은 바다에는 갈조류인 미역, 다시마, 톳이 서식합니다. '바다의 채소'라 불리는 해조류들은 비타민, 미네랄, 식이섬유 등이 풍부해서 성인병 등 각종 질병 예방에 효과가 있어요. 당나라 때 편찬된 백과사전인 《초학기(初學記)》에는 "고려인들이 고래가 새끼를 낳은 후 미역을 뜯어먹는 것을 보고 산모에게 미역을 먹였다"는 기록이 있습니다.

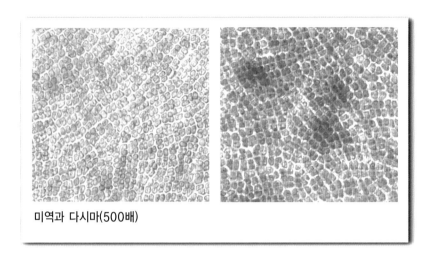

미역과 다시마(500배)

홍조류

깊은 바다에서는 홍조류인 김, 한천, 우뭇가사리 등이 자랍니다. 작은 밤톨처럼 생긴 김의 세포가 귀엽지 않나요? 예전에는 김밥이 최고의 도시락이었습니다. 소풍이나 운동회가 있는 날이면 어머니께서 정성이 담긴 김밥을 도시락에 차곡차곡 싸주셨지요.

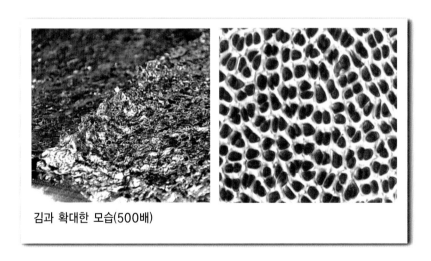

김과 확대한 모습(500배)

'김'은 '김여익'이란 사람의 이름에서 유래되었습니다. 1640년경, 그는 해변에 떠내려 온 나무에 갈색의 해조류를 보고 양식을 시작했습니다. 그가 이것을 시장에 팔러 나가자 상인들은 '태인도의 김 씨가 기른 것'이라며 '김'이라고 불렀답니다.

김은 제2차 세계대전 중 일본군에게 잡힌 미군 포로들에게 식량으로 배급된 적이 있었습니다. 그런데 전쟁 후 전범 재판에서 이 일이 문제가 되었습니다. 일본군이 포로들에게 검은 종이를 먹이는 가혹 행위를 했다는 것이었지요. 식생활 차이에서 비롯된 해프닝이었습니다.

따개비와 다윈

정말 궁금하지만 그 비밀을 밝혀내기에는 참으로 오묘한 것이 있습니다. 우주와 생명의 탄생처럼 말이지요.

1831년, 비글호를 타고 갈라파고스제도에 도착한 다윈은 그 주변 13개의 섬에 사는 생물들은 같은 종이라도 모양이 서로 다른 것을 발견했습니다. 특히 핀치 새의 부리는 특이했지요. 이러한 사실을 근거로 그는 생물은 생존 경쟁에 유리한 것들만 환경에 맞게 진화한다는 '진화론'을 발표했습니다.

다윈은 진화론의 증거를 찾고자 노력했는데, 그중 하나가 따개비입니다. 심지어 그는 실종된 동료를 찾기 위해 북극 탐사에 나서는 로스 경에게도 북극의 따개비를 구해 달라고 요청을 하기도 했습니다. 이렇게 탄생한 진화론은 생명의 탄생을 둘러싼 논쟁에 불을 지폈습니다.

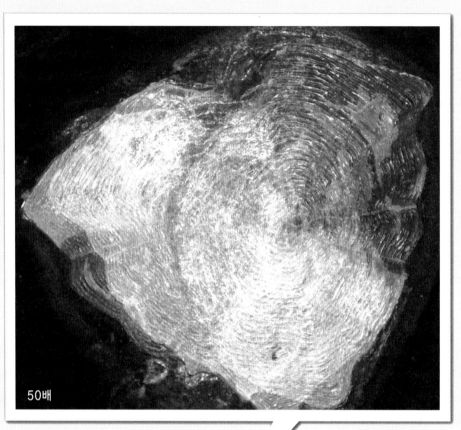

50배

중국 요리, 터키 요리와 함께 세계 3대 요리 중 하나인 프랑스 요리에는 개구리를 산 채로 요리하는 '삶은 개구리 요리'가 있습니다. 냄비에 물과 개구리를 넣고 서서히 가열하면 개구리는 자신도 모르는 사이에 요리가 되고 말지요.

그렇다면 닭도 산 채로 삶을 수 있을까요?

무척추동물, 어류, 양서류, 파충류는 외부의 온도에 따라서 체온이 변하는 변온동물이지만, 포유류와 조류는 체온이 일정한 정온동물입니다. 닭은 주위 온도에 따라 체온을 적절하게 조절할 수 없어요. 따라서 물이 뜨거워지면 닭은 날개 치며 탈출을 시도하겠지요?

그렇다면 이것은 무엇일까요?

개구리처럼 변온동물인 이 동물도 물의 온도를 서서히 낮추면 신체대사를 줄여 휴면 혹은 마취 상태로 빠져들게 됩니다.

이것은 무엇일까요?

이것은 물의 온도를 서서히 낮추면 휴면 상태로 빠져듭니다.

7 물고기에게도 나이테가?

비늘

금붕어

날씨가 흐린 기압이 낮은 날은 압력이 낮기 때문에 물에 녹아 있는 산소의 양이 감소합니다. 따라서 금붕어들은 흐린 날이면 공기 중의 산소를 들이마시기 위하여 입을 수면 위로 내밀고 뻐끔거립니다.

또 무릎이 안 좋은 사람은 관절 내의 압력이 상대적으로 높아져서 관절 주위의 신경들을 자극하기 때문에 통증을 느껴요. 이처럼 생명체는 날씨에 영향을 받습니다.

물고기의 나이

물고기의 몸을 덮고 있는 비늘은 피부의 표피와 진피 중에서 진피가 변한 것으로, 표피가 변하여 된 파충류의 비늘과는 성질이 달라요. 가로로 놓인 비늘의 수는 물고기 종류에 따라 일정한데 연어는 약 150개, 잉어는 35개 이상, 붕어는 30여 개입니다.

물고기의 비늘은 탈피하지 않고 계속 성장하기 때문에 성장륜(환선)이라는 나이테가 있어요. 물고기도 계절에 따라서 성장 속도가 다르기 때문에 생장대와 휴지대가 반복되면서 성장륜이 형성되는 것이지요. 그러나 성장륜과 나이가 항상 일치하지는 않습니다.

물고기의 나이는 이석(耳石)으로도 알 수 있습니다. 물고기의 두개골에 있는 뼈인 이석은 사람의 귓속 뼈처럼 소리의 진동을 뇌로 전달하고 몸의 균형을 잡아줍니다. 이석에도 역시 고리 모양의 띠가 있습니다.

연어의 비늘
(50배)

중심판

만 1년

만 4년

만 3년

만 2년

만 5년

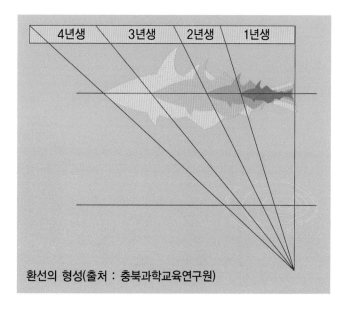

물고기와 비늘의 성장 관계

| 4년생 | 3년생 | 2년생 | 1년생 |

환선의 형성(출처 : 충북과학교육연구원)

피부의 화려한 변신

조선 후기 실학자로서 서양의 학문과 사상을 일찍 접하고, 가톨릭 신자가 된 정약전은 1801년 신유박해 당시 흑산도에 유배되었습니다. 그는 우리나라 최초의 수산학 서적인 《현산어보》를 집필했는데, 고기를 비늘이 있는 인류와 비늘이 없는 무린류로 분류했지요.

지금은 비늘을 그 형태에 따라서 방패비늘, 빗비늘, 둥근비늘, 굳은비늘로 분류합니다.

비늘의 종류

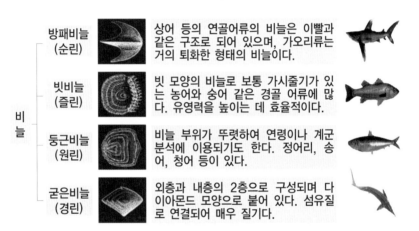

비
늘

방패비늘
(순린)
상어 등의 연골어류의 비늘은 이빨과 같은 구조로 되어 있으며, 가오리류는 거의 퇴화한 형태의 비늘이다.

빗비늘
(즐린)
빗 모양의 비늘로 보통 가시줄기가 있는 농어와 숭어 같은 경골 어류에 많다. 유영력을 높이는 데 효율적이다.

둥근비늘
(원린)
비늘 부위가 뚜렷하여 연령이나 계군 분석에 이용되기도 한다. 정어리, 송어, 청어 등이 있다.

굳은비늘
(경린)
외층과 내층의 2층으로 구성되며 다이아몬드 모양으로 붙어 있다. 섬유질로 연결되어 매우 질기다.

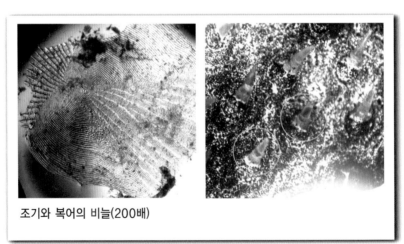

조기와 복어의 비늘(200배)

조기의 빗비늘은 마치 날카로운 표창 같지요? 화나면 배를 잔뜩 부풀리는 복어의 껍질에 난 돌기는 빗비늘의 뒤쪽 가장자리가 발달한 것입니다. 복어의 알, 간, 난소, 껍질 등에는 청산가리보다 100배나 강한 독이 있습니다. 그래서 복어 요리는 반드시 전문가가 손질한 후 만들어야 해요.

상어의 방패비늘은 피부에 매몰되어 있지만 자루 부분은 돌출되어 있어 까칠까칠합니다. 마름모 모양의 비늘이 아름답지요? 제주도 특산품인 옥돔의 비늘은 단단하게 보여요. 제주도에서는 고등어, 갈치, 꽁치, 자리돔, 옥돔 등 다양한 어류 중에서 특히 옥돔만을 따로 생선이라고 부릅니다. '생선 중의 생선'이라는 뜻이겠지요.

상어 비늘(50배)

옥돔 비늘(50배)

옆구리로 물을 느끼다

비늘에는 환선뿐만 아니라 물의 흐름, 수압, 진동 등을 느끼는 감각기관인 측선이 있습니다. 측선은 감구라는 기관이 어린 시기에는 표면에 노출되어 있다가 성장하면서 피부에 함몰되고, 이 구멍들이 연결되어 생긴 것입니다. 사람의 배꼽이 자라면서 함몰되는 것과 비슷해요. 개구리의 몸 옆에도 측선 기관이 많은 수의 작은 선 모양으로 융기되어 있습니다.

조기 비늘의 측선에 있는 감구(50배)

또 어디에 나이테가?

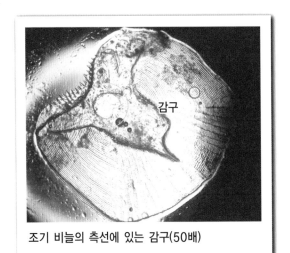

나이테는 나무, 물고기뿐만 아니라 조개에도 있어요. 조개는 겨울이나 산란철에는 성장 속도가 느려요. 조개 껍데기에서 간격이 촘촘한 흑갈색 띠가 겨울철에 생긴 나이테입니다. 조개껍데기에 펼쳐진 갈색 무늬가 마치 한 폭의 아름다운 산수화 같지 않나요.

조개의 나이테

상어와 살모사는 친척?

비늘이 있는 동물에는 또 어떤 것이 있을까요? 뱀입니다. 살모사의 비늘은 상어 비늘과 비슷합니다. 비늘만 보면 마치 상어에서 뱀으로 진화한 것 같아 보입니다.

뱀의 비늘은 하나의 피부처럼 연결되어 있어 뱀이 이동하는 데 매우 중요합니다. 뱀은 몸을 구부려 곡선의 정점에 힘을 주어 이동하지요. 이때 비늘이 기와처럼 뒤쪽을 향하여 겹쳐 있기 때문에 미끄러지지 않고 앞으로 나아갈 수 있는 것입니다.

살모사 비늘(출처 : 국립생물자원관)

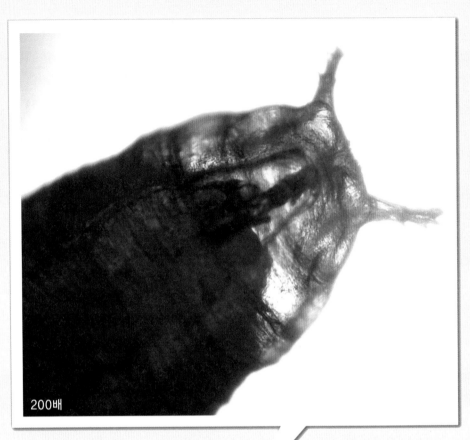

200배

여름철 불청객인 모기에 물리면 가렵고 뇌염이나 말라리아에 걸릴 수도 있습니다. 집모기는 대부분 '빨간집모기'인데, 주로 저녁에 피를 빨아 알을 낳는 데 필요한 영양분을 얻습니다.

모기들은 캄캄한 밤에도 어떻게 사람을 찾아 달려들 수 있을까요? 모기는 사람이 숨을 쉴 때 나오는 이산화탄소나 땀샘에서 분비되는 젖산 냄새를 잘 맡습니다. 모기에 물리지 않으려면 몸을 잘 씻어야 하지요. 모기에 물리면 염기성인 침으로 산성인 벌레의 독을 중화시킬 수도 있지만 균에 감염될 수 있기 때문에 물로 씻거나 암모니아수로 소독하는 것이 좋습니다.

다행히 모기는 1초에 500회 이상 날갯짓을 하며 '윙~' 소리를 내면서 다가오기 때문에 쉽게 알 수 있습니다. 꿀벌은 190회, 집파리는 200회 정도 날갯짓을 합니다. 장티푸스나 콜레라 균을 옮기는 파리는 빨라서 잡기가 어려워요.

그렇다면 이것은 무엇일까요?

음식물 주위를 끊임없이 날아다니는 이 곤충과 가장 친했던 사람은 아마도 유전학자 모건일 것입니다.

이것은 무엇일까요?

음식물 근처에서 끊임없이 날아다니는
이것은 머리에 더듬이가 있어요.

8 우주인과 우주초파리

초파리의 한살이

포도껍질이 든 유리병으로 채집한 초파리

초파리를 퇴치하는 간단한 방법은 음식물 쓰레기는 즉시 치우고 남은 음식은 용기에 보관하는 것입니다. 1910년 모건은 초파리 연구로 멘델의 유전법칙을 증명하여 노벨상을 받았습니다. 유전학에 매우 중요한 초파리는 한국 최초의 우주인과 함께 우주여행도 했지요. 무중력 상태가 생물에게 미치는 영향을 알아보는 우주 실험에 쓰였답니다.

초파리의 일생

초파리를 어떻게 채집할까요? 초파리란 '신 것을 좋아하는 파리'라는 뜻입니다. '초(醋)'는 식초를 말해요. 따라서 유리병 안에 포도나 사과껍질을 넣어두면 금방 초파리들이 모여듭니다. 병의 입구를 거즈로 막고 고무줄로 묶어 쉽게 채집할 수 있지요.

초파리는 귀찮은 존재지만, 막걸리 등으로 식초를 만드는 곳에서는 귀한 곤충입니다. 초파리는 발효에 필요한 초산균을 옮겨주기 때문이지요.

초파리는 알 → 애벌레(유충) → 번데기 → 어른벌레(성충)의 한살이 과정을 거칩니다. 한살이에서 번데기 단계가 있으면 완전탈바꿈(완전변태) 곤충, 없으면 불완전탈바꿈(불완전변태) 곤충입니다. 알에서 어른벌레까지의 초파리의 일생은 약 15일입니다. 너무 짧은가요?

초파리의 애벌레

암컷의 배에 가득 찬 알과 알이 배출되는 수란관이 보이나요? 산란된 알은 하루 만에 애벌레로 부화합니다. 알에는 특이한 더듬이 모양의 돌출부가 있어요. 애벌레는 구조에 따라 1령, 2령, 3령으로 나누는데, 1령에서 하루, 2령에서 하루, 3령에서 2~3일 지낸 후 번데기가 됩니다.

왜 초파리는 여러 단계의 애벌레 과정을 거칠까요? 애벌레는 빠르게 성장하지만 몸이 딱딱한 피부로 덮여 있어 잘 자랄

알이 가득 찬 초파리 암컷의 배(200배)

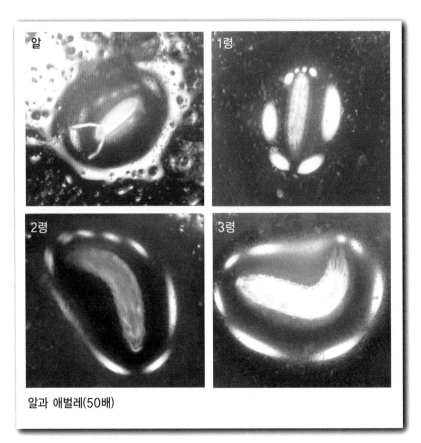

알과 애벌레(50배)

번데기가 된 직후(50배) 우화하기 직전(50배)

수 없기 때문이에요. 따라서 단계마다 허물을 벗으면서 자라는 것입니다.

성장한 애벌레는 배 쪽에 있는 빳빳한 털을 이용하여 벽으로 기어올라가 번데기가 됩니다. 엷은 갈색의 번데기는 점점 진해지면서 어른벌레로 바뀌지요. 우화되기 직전에는 번데기에서 빨간 눈, 날개, 다리 등도 보입니다.

난 달라, 평형곤

초파리도 다른 곤충들처럼 머리, 가슴, 배로 구분되며 두 개의 겹눈과 세 개의 홑눈이 있어요. 2~3밀리미터 크기의 초파리는 집파리보다 훨씬 작지만 많이 날아다니며, 사육병을 뒤집어도 항상 위로 향하는 습성이 있어요. 다른 곤충과는 달리 초파리의 날개는 한 쌍인데, 원래 날개였던 다른 한 쌍은 몸의 균형을 잡는 평형곤으로 퇴화되었습니다. 이는 모기도 마찬가지에요.

사람과는 달리 곤충은 대부분 암컷이 더 큽니다. 크다는 것은 어떤 의미일까요? 생명체가 자라는 것은 세포분열에 의해 세포 수가 많아지는 것입니다. 코끼리가 사람보다 큰 것은 코끼리의 세포가 더 많기 때문이지요.

그러나 일단 성장이 끝난 후에 몸이 커지는 것은 세포에 지방이 쌓이면서 세포가 팽창하

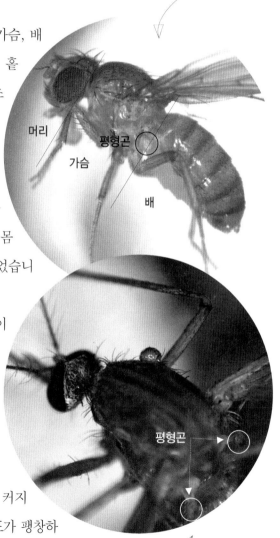

암컷 초파리의 평형곤(50배)

머리
가슴
평형곤
배

평형곤

모기의 평형곤(50배)

기 때문입니다. 따라서 비만인 어린이는 세포 수가 많기 때문에 나중에 커서도 비만이 될 가능성이 높습니다. 다이어트를 해도 이미 세포 수가 늘어났기 때문입니다. 어릴 때부터 운동과 함께 좋은 식생활 습관을 길러야 하는 이유입니다.

왜 초파리인가?

유전학자들은 부모의 형질이 자손에게 전달되는 방법과 생물의 모양이나 성질과 같은 형질의 변이 등을 연구합니다. 그런데 유전학에서는 왜 초파리를 연구에 사용하는 것일까요?

사람의 한 세대는 약 30년으로 길어서 부모와 자손의 형질을 비교하려면 오랜 시간이 걸립니다. 반면에 초파리의 한살이는 약 15일로 짧아 1년이면 24세대에 걸친 유전적인 변화를 비교할 수 있기 때문입니다.

또 초파리는 자손의 수가 많고 눈의 색깔, 날개의 유무 등 대립형질이 뚜렷합니다. 멘델의 법칙도 대립형질이 뚜렷한 완두콩을 사용했기 때문에 발견할 수 있었던 것입니다. 게다가 초파리의 염색체가 8개로 적고, 크기가 커서 관찰하기가 좋습니다.

**돌연변이에 의한
초파리의 흰 눈(50배)**

모건은 초파리의 돌연변이를 연구하면서 염색체의 특정 위치에 있는 유전자가 눈의 색깔, 날개의 유무와 같은 각각의 형질을 지배하는 것을 발견했습니다. 또한 초파리 배우자의 4개의 염색체에 대응하는 유전자 지도를 완성하는 등 유전학의 기초를 쌓았습니다.

멘델의 법칙

1865년, 멘델은 완두콩 교배 실험으로부터 '멘델의 법칙', 즉 분리의 법칙, 독립의 법칙, 우성의 법칙을 발표했습니다. 이 이론은 그가 죽은 지 16년 후에야 수용되었고, 유전학의 토대가 되었습니다.

완두콩은 자가수분하기 쉬우며, 열매를 회수하기 쉽고, 번식력이 강하며, 일년초라서 다음 세대를 얻기가 수월합니다. 그리고 무엇보다 대립형질이 뚜렷했기 때문에 멘델은 완두콩을 사용했던 것입니다.

형질이란 생물체의 겉모양이나 다양한 성질이에요. 그중에 서로 반대되는 성질을 대립형질이라 합니다. 예를 들면 완두콩의 황색과 녹색, 초파리의 붉은 눈과 흰 눈, 사람의 정상 눈과 색맹 그리고 직모와 곱슬머리 등이 있어요. 이들 중 겉으로 드러나는 형질을 우성, 잠재된 것을 열성이라 합니다. 즉 멘델은 완두콩을 교배한 후 자손에게 나타나는 우성과 열성 형질을 분석하여 멘델의 법칙을 발견한 것입니다.

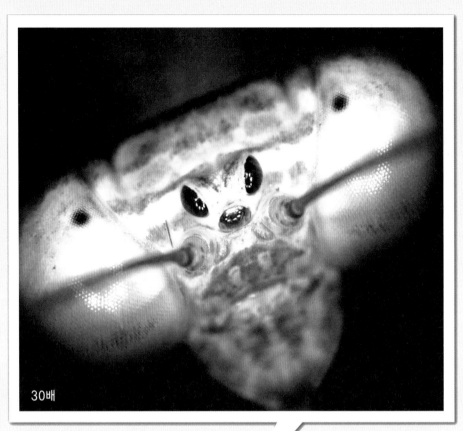

30배

이것은 무엇일까요?

QUIZ

'당랑거철(螳螂拒轍)'이라는 고사성어를 알고 있나요?

중국의 춘추시대에 천하 제패를 꿈꾸던 제나라의 임금 장공(莊公)은 어느 날 수레를 타고 사냥에 나섰지요. 이때 모든 백성들은 그 앞에서 머리를 숙이는데, 길 한 가운데 벌레 한 마리가 앞 다리를 도끼처럼 휘두르며 공격 자세를 취하는 것이었습니다.

장공이 그 벌레에 대해서 묻자, 신하가 "이 녀석은 앞으로 나갈 줄만 알고 뒤로 물러설 줄 모르는 녀석인데 제 분수를 망각하고 덤벼들고 있습니다" 라고 답하지요. 이에 장공은 "아하! 사람이었다면 천하의 용사겠구나. 내게도 이런 용기와 기백을 가진 용사가 있었으면……" 하고 길을 비켜서 지나갔습니다. 이것이 '당랑거철'의 유래입니다.

그렇다면 이것은 무엇일까요?

이것은 장공의 앞길을 막아섰던 곤충인데, 겹눈의 색깔이 특이하게 녹색인 경우도 있어요. 설마 겹눈으로 광합성을 하지는 않겠지요?

이것은 무엇일까요?

이것은 장공의 앞길을 막아섰던 곤충입니다.

9 다 덤벼!

사마귀

좀사마귀

사람들은 사마귀를 제 분수를 모르는 곤충으로 생각합니다. 그러나 천하 제패를 꿈꾸던 장공에게 사마귀는 불굴의 투지로 항전하는 용맹한 장수로 보였습니다.

17세기 중반, 무술가 왕랑(王朗)은 사마귀가 잽싸게 매미를 잡는 수법(手法)과, 원숭이가 발을 교차하면서 걷는 보법(步法)을 가미하여 당랑권을 완성하였다고 합니다. 역시 사마귀는 위협적인 곤충인가 봅니다.

산 것만 먹는 미식가

사마귀는 몸 전체가 편평하고 가늘며 길이는 약 10센티미터로, 삼각형 머리를 상하좌우로 자유롭게 움직여요. 또 먹이를 잡는 낫 모양의 앞 다리에는 날카로운 가시가 있어 심지어는 도마뱀도 잡아먹습니다.

사마귀는 번데기 과정을 거치지 않는 불완전탈바꿈 곤충이며 살아있는 곤충을 잡아먹는 육식성입니다. 실제로 사마귀는 죽은 곤충을 먹지 않는데, 죽은 곤충을 톡 쳐서 움직이면 재빠르게 잡아먹습니다.

무서운 사마귀

사마귀가 앞 다리를 모으고 있는 자세는 먹이를 잡으려는 것이며, 양쪽으로 벌려 상대를 위협합니다. 특히 번식을 위한 교미 때에는 육식성이 강한 암컷이 수컷을 통째로 잡아먹기도 하지요.

이때 수컷은 반사적으로 교미를 한답니다. 원래 '당랑'이란 '신랑에게 대항한다'는 뜻이 있습니다. 이처럼 무시무시한 사마귀에게 걸리면 헤어날 길이 없습니다.

사마귀란 이름은 어떻게 지어진 것일까요? 어떤 이들은 한자어인 '사마귀(死魔鬼)'에서 유래했다고 합니다. 불교에서 '사마'란 목숨을 빼앗고 오온(五蘊)을 파괴하는 악마입니다. 오온이란 색(色)온, 수(受)

사마귀의 입(30배)

사마귀의 앞 다리(30배)

온, 상(想)온, 행(行)온, 식(識)온으로서, 모든 존재는 오온으로 이루어진다고 합니다. 그렇다면 사마귀는 모든 존재를 파괴하는 곤충인가요?

사마귀에게도 천적은 있습니다. 그중에 대표적인 것이 잠자리 등의 몸 안에 기생하는 유선형동물인 연가시입니다. 사마귀가 잠자리를 잡아먹으면, 연가시가 사마귀 안에서 자라나 결국은 사마귀가 죽게 됩니다. 이 밖에 사마귀 애벌레를 잡아먹는 개미도 사마귀의 천적입니다.

잠자리를 잡아먹다가 휙 머리를 돌려 노려보는 모습이 위협적이지요? 정말로 무서운 녀석입니다.

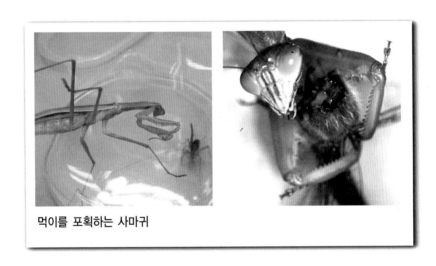
먹이를 포획하는 사마귀

사마귀는 오줌싸개

사마귀는 오줌싸개 혹은 버마재비라고도 합니다. 버마재비는 범아재비의 표준말인데, 사마귀가 호랑이(범) 아저씨처럼 무섭다고 해서 생긴 말입니다. 아재비는 아저씨의 낮춤말이지요. 또 사마귀가 손등에 오줌을 싸면 사마귀가 난다고 해서 오줌싸개라고도 하는 것입니다.

피부의 사마귀

　사람의 피부에 동그랗게 부풀어 오른 딱딱하고 거친 작은 양성 피부 종양을 사마귀라고 합니다. 그렇다면 피부에 나는 사마귀와 곤충 사마귀는 어떤 관계가 있을까요?

　사마귀는 면역력이 약한 어린이나 청소년들에게 생기는 바이러스성 피부질환이거나 혹은 피부가 노화하면서 나타나는 '우종'이라고 합니다. 이러한 바이러스성 질환은 면역력이 생기면 저절로 사라지기도 합니다. 그렇지만 언제 사마귀가 사라질지 알 수 없고, 전염성이 있어 치료를 받는 것이 좋습니다. 사마귀를 긁거나 입으로 물어뜯으면 성격에 영향을 미칠 수도 있으니까요.

　따라서 곤충 사마귀와는 관련이 없습니다. 다만 사마귀가 피부의 사마귀를 갉아먹으면 낫는다는 속설이 있어 사마귀라는 이름이 피부에 나는 사마귀에서 유래된 것으로 추정하기도 합니다.

10. 여러분! 부자 되세요~
감압지

11. 앗! 손에서 피가……
대일밴드

12. 이제 그만!
담배

13. 작은 연인들
기타

14. 세렝게티
포스트잇

Ⅲ. 생활 속에서

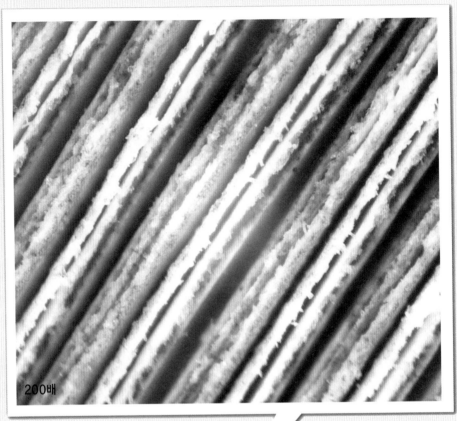

200배

이것은 무엇일까요?

QUIZ

요즘에는 대부분 물건을 구입할 때 현금 대신에 신용카드로 결제하고 사인합니다. 신용카드란 금융회사가 믿을 만한 자격을 갖춘 회원에게 발행하는 카드입니다. 회원이 물건을 구입하면 신용카드사가 대신 현금을 지불합니다. 그리고 회원에게는 원금을, 가맹점에게는 수수료를 받지요.

신용카드는 편리하고, 혜택이 많기 때문에 사용량이 크게 늘어나고 있어요. 그러나 무분별한 신용카드 발급은 충동구매로 인한 과소비를 유발하며, 많은 신용불량자를 양산하고 있습니다.

그렇다면 이것은 무엇일까요?

세 장이 한 벌인 이것은 각각 회원 보관용, 업소 보관용, 회사 제출용으로 이루어져 있습니다. 신기하게도 첫 번째 용지에 사인을 하면 같은 사인이 아래 두 장에 복사되지요. 이러한 종이를 무엇이라 부를까요?

이것은 무엇일까요?

신기하게도 첫 번째 용지에 사인을 하면
같은 사인이 아래 두 장에 복사되지요.

10 여러분! 부자 되세요~

감압지

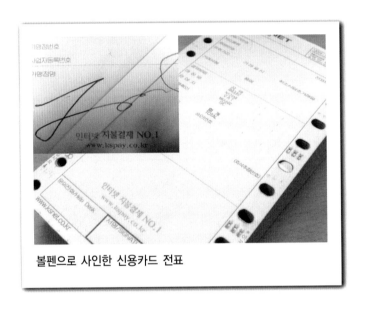

볼펜으로 사인한 신용카드 전표

"여러분, 부자 되세요!"라는 카드광고를 기억하나요? 신용카드로 결제할 때거는 전표에 사인을 하는데요. 카드 전표에 사인해면 어떻게 다음 장에 똑같이 복사될까요? 카드 전표는 압력을 감지할 수 있는 '감압지'라는 종이로 만듭니다. 어떻게 종이가 압력을 감지할까요? 혹시 볼펜 잉크가 스며든 것은 아닐까요? 위 사진은 감압지의 첫 페이지(1P)에 서명한 사인이 2P, 3P에 복사된 것을 접어서 서로 겹쳐놓은 것입니다.

감압지

감압지는 두 가지 물질이 반응하여 압력을 감지합니다. 그중 하나는 염료인 발색제이며, 다른 하나는 염료가 색깔을 띠게 하는 현색제이지요. 즉 색깔이 없는 염료가 현색제와 만나면 파란색을 띠는 것입니다.

사인을 하기 전까지 현색제는 종이 전체에 골고루 퍼져 있어요. 그리고 염료는 현색제와 반응하지 않도록 작은 젤라틴 캡슐 안에 들어 있습니다. 젤라틴 캡슐은 쉽게 터지기 때문에, 캡슐보다 큰 녹말 입자를 캡슐 사이에 기둥처럼 세워서 캡슐을 보호합니다. 이것을 '스페이서'라고 합니다. 따라서 사인하면 캡슐이 눌려 터지면서 염료와 현색제의 반응으로 같은 글자가 복사되지요. 즉 감압지에는 현색제와 염료 캡슐, 그리고 스페이서인 녹말이 섞여 있는 것입니다.

밝혀지는 감압지의 비밀

그렇다면 세 장의 신용카드 전표는 모두 같을까요?

잉크가 없는 끝이 뾰족한 도구로 감압지의 첫 페이지(1P)에 사인해도 세 장에 사인이 나타납니다. 그러나 2P 위에 사인하면 3P에만 나타나고, 3P에 사인하면 나타나지 않습니다. 왜 그럴까요? 그것은 세 장에 있는 염료와 현색제의 조합이 각각 다르기 때문입니다.

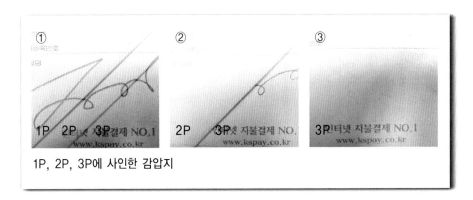

1P, 2P, 3P에 사인한 감압지

열쇠는 현색제

①번에서 1P의 앞면에 사인이 나타났기 때문에 염료와 현색제가 모두 있어요. 그러나 ②번과 ③번에서는 앞면에 나타나지 않았기 때문에 여기에는 염료와 현색제들 중 하나만 있지요.

그렇다면 염료 캡슐과 녹말 기둥을 하나씩 확인해볼까요? 1P의 앞면에는 현색제와 반응한 깨알같이 작은 파란색의 염료(노란색 화살표)와 둥그런 녹말(흰색 화살표) 알갱이가 보여요. 그러나 뒷면에는 녹말과 염료 캡슐은 있지만 색깔을 띠지 않습니다. 왜냐하면 현색제가 없기 때문입니다.

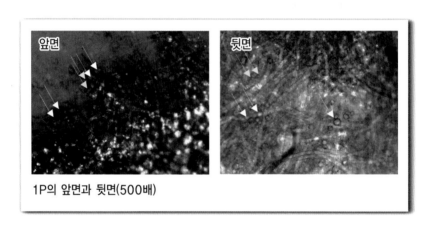

1P의 앞면과 뒷면(500배)

한편 2P 앞면은 염료 캡슐이 없음에도 파란색을 띱니다. 그것은 1P 뒷면의 캡슐에서 새어나온 염료가 2P 앞면의 현색제와 반응하기 때문이에요. 2P 뒷면 역시 염료 캡슐과 녹말 기둥만 있고 현색제가 없기 때문에 색깔을 띠지 않습니다. 3P 앞면도 2P 뒷면에서 새어나온 염료와 3P 앞면의 현색제가 반응하여 파란색을 띱니다. 3P의 뒷면에는 아무것도 없어요.

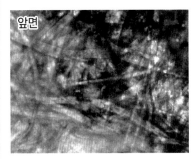
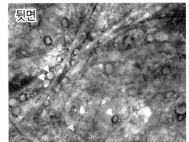

2P의 앞면과 뒷면(500배)

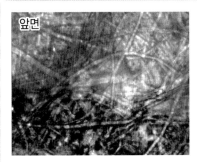
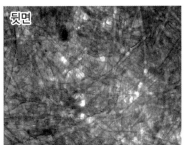

3P의 앞면과 뒷면(500배)

　따라서 세 장의 감압지에서 염료, 현색제, 녹말은 다음 쪽의 그림처럼 배열되어 있어요. 펜으로 사인하면 1P 앞면의 염료 캡슐이 터지면서 현색제와 반응하여 글씨가 나타나요. 그리고 1P 아랫면의 염료와 2P 윗면의 현색제, 2P 아랫면의 염료와 3P 윗면의 현색제가 반응하면서 사인이 나타나는 것입니다.

　전자현미경으로 1P의 윗면을 5000배 확대하면 약 30마이크로미터 크기의 녹말 기둥과 작은 염료 캡슐을 확실하게 볼 수 있습니다.

신용카드 전표의 구조와 원리

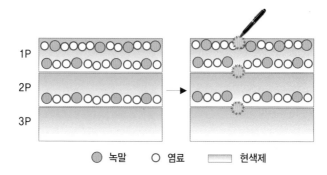

1P	
2P	
3P	

⬤ 녹말　　○ 염료　　▭ 현색제

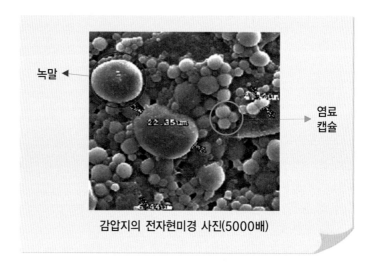

녹말 ◀

염료 캡슐 ▶

감압지의 전자현미경 사진(5000배)

신용카드의 원리

신용카드 정보는 자석의 N극과 S극을 규칙적으로 배열시킨 마그네틱 선에 기록되어 있습니다. 어떻게 알 수 있을까요? 그것은 알코올에 섞은 미세한 산화철 가루를 마그네틱 선에 떨어뜨리면, 철가루가 자석의 배열에 따라 늘어서는 것으로 알 수 있습니다. 전철표의 마그네틱 선도 같은 원리로 정보를 기록합니다.

이러한 자기 기록 방식은 정보를 기록하고 삭제하기가 쉽지만, 많은 정보를 저

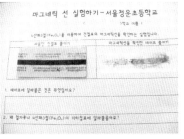

신용카드와 지하철 승차권의 마그네틱 선

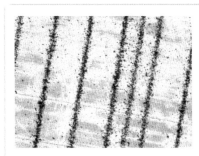

지하철 승차권의 마그네틱 선에 붙은 산화철 가루(200배)와
3.5인치 디스켓에 붙은 자석 가루(30배)

자석에 끌려오는 3.5인치 디스켓

장할 수는 없어요. 또한 다른 자석에 의해서 마그네틱 선에 있는 자석의 극이 달라지면 정보가 지워질 수도 있어요. 지금은 거의 사용하지 않는 컴퓨터 디스켓이나 녹음테이프도 자성을 띠는 산화철로 정보를 저장하는 장치입니다. 자석을 가까이 대면 디스켓이 자석에 달라붙습니다.

돈이 자석에 붙는다?

고액권 지폐에는 위조를 방지하기 위해 미세문자나 홀로그램 외에도 특수한 자성잉크 등을 사용합니다. 만 원권의 숫자 10000은 자성잉크로 인쇄되어 있어 자석에 붙어요. 현금인출기에는 자성잉크를 감지하는 센서가 있어 위조지폐를 식별하거나 돈을 셀 수 있답니다.

만 원권 지폐에 있는 자성잉크

감열지

감열지는 열을 감지하여 색깔을 띠는 종이예요. 감열지 표면에는 감압지와 마찬가지로 무색의 염료 캡슐과 현색제가 섞여 있습니다.

따라서 헤드 장치에 전력을 공급하면 글씨가 쓰인 부분에 열이 발생하면서 캡슐이 녹아요. 이때 캡슐에서 새어나온 염료와 현색제가 반응하여 검정색을 띠는 것입니다. 검정색은 종이가 탄 것이 아니라 염료와 현색제가 반응해서 나타난 색깔이에요.

전원 OFF　전원 ON　전원 OFF

헤드
현색제
감열지

감열지의 발색 원리

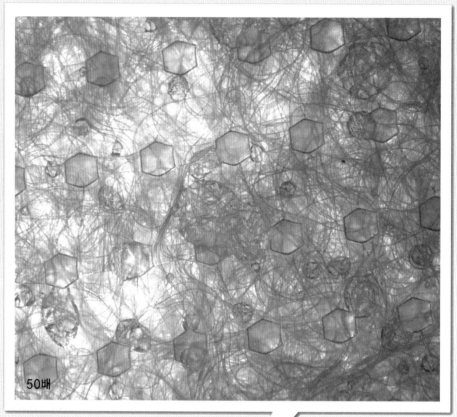

50배

이것은 무엇일까요?

QUIZ

누구나 한번쯤은 날카로운 칼에 손가락을 베인 적이 있을 거예요. 건조한 날에는 심지어 빳빳한 종이에 베이기도 합니다. 상처에 물이 스며들면 따갑고 세균에 감염될 수 있습니다.

의료 회사에 근무하던 '딕슨'의 아내는 요리하다가 손을 자주 다쳤어요. 그때마다 딕슨은 치료용 테이프와 거즈로 치료를 해주었답니다. 그런데 그가 오랫동안 출장을 떠나게 되었어요.

고심하던 딕슨은 거즈에 접착테이프를 붙이고 표면에 매끄러운 크리놀린 직물을 붙인 응급처치용 밴드를 만들어 두었습니다. 이것이 최초의 밴드인 '밴드에이드'입니다. 아내를 사랑하는 마음이 밴드를 탄생시킨 것이지요.

그렇다면 이것은 무엇일까요?

이것은 가정에서 흔히 사용하는 의약품으로서 상처에 닿는 부분을 확대한 것입니다. 웬만한 상처는 이것 하나로 응급처치할 수 있습니다.

이것은 무엇일까요?

이것은 가정에서 흔히 사용하는 의약품으로서
웬만한 상처는 이것 하나로 응급처치할 수 있습니다.

11 앗! 손에서 피가……

대일밴드

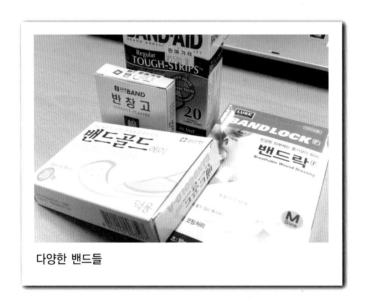

다양한 밴드들

화상을 입으면 어떻게 할까요? 신속하게 찬물로 화기를 제거해야 합니다. 된장을 바르는 등의 민간요법은 오히려 세균감염의 위험이 있어요.

반면에 찰과상처럼 가벼운 상처가 났을 때 가장 먼저 찾는 것은 밴드입니다. 원래 이름은 반창고와 거즈를 합친 것을 뜻하는 '밴드에이드'인데, 우리나라에서는 '대일화학공업'이라는 회사에서 최초로 판매했기 때문에 보통 '대일밴드'라고 불러요.

밴드의 구조

물과 먼지로부터 상처를 보호하고, 세균 감염을 방지하며, 상처가 아물도록 돕는 밴드는 폴리우레탄 패드, 쿠션 패드, 폴리에틸렌 망 그리고 겉 패드로 구성됩니다.

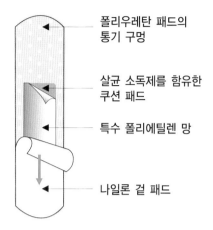

폴리우레탄 패드의
통기 구멍

살균 소독제를 함유한
쿠션 패드

특수 폴리에틸렌 망

나일론 겉 패드

구멍 난 폴리우레탄 패드

신축성 있는 이 패드는 통기 구멍이 있는 것과 물기를 차단하기 위해 통기 구멍이 없는 것이 있습니다. 논두렁처럼 네모 반듯하게 돋아난 것은 밴드가 피부에 잘 붙게 하는 접착제입니다. 방수용 밴드인 '워터락'의 폴리우레탄 패드에는 통기 구멍이 없습니다. 물집처럼 생긴 접착제가 신기하지요?

폴리우레탄 패드의 통기 구멍과 방수용 밴드 워터락(50배)

환자를 위하여

상처에 닿는 쿠션 패드에는 노란색의 살균 소독제인 아크리놀이 처리되어 있습니다. 아크리놀은 화농성 피부병, 농양, 눈, 귀, 목 등을 소독·세정하는 데 사용합니다.

쿠션 패드에는 상처에서 밴드를 쉽게 떼어낼 수 있게 육각형 모양의 폴리에틸렌 망을 씌웁니다. 흰색의 나일론 겉 패드는 폴리우레탄 패드의 접착력이 오래가도록 보호해요. 간단한 밴드에도 환자를 위한 많은 배려가 담겨 있답니다.

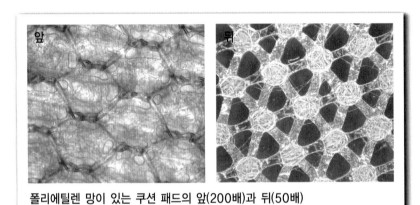

폴리에틸렌 망이 있는 쿠션 패드의 앞(200배)과 뒤(50배)

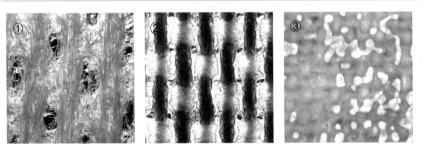

① 존슨앤드존슨의 밴드에이드, ② 밴드락, ③ 대일화학공업의 반창고

밴드에이드나 반창고는 면과 나일론을 섞어서 만든 직물을 꼬아서 만들어요. 그리고 반창고는 대부분 접착제로 덮여 있습니다.

생활의 달인

밴드는 편리하지만, 손가락 끝이나 마디 사이에서는 물기가 닿거나 계속 움직일 경우 쉽게 떨어져 나갑니다. 이러한 단점을 보완한 특수 밴드도 있습니다. 하지만 특수 밴드가 없다면 어떻게 할까요? 밴드의 양쪽을 가위로 잘라서 손가락 끝부분에는 X자 모양으로 두 번, 손가락 마디에는 위와 아래로 붙입니다. 어떤가요?

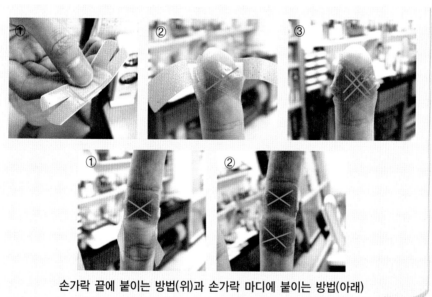

손가락 끝에 붙이는 방법(위)과 손가락 마디에 붙이는 방법(아래)

50배

추운 겨울, 밖에서 추위에 떨면서 담배를 피우는 사람들이 있지요? 예전에는 TV 드라마나 영화에서 주인공들이 감정 표현을 위해 담배를 피우기도 했어요. 그러나 지금은 흡연이 청소년들에게 해롭기 때문에 이러한 장면을 방영하지 않습니다.

시인 오상순 선생님은 애연가로 유명합니다. 담배를 너무 좋아한 그의 호는 공초(空超, 空草)입니다. 그는 운명을 받아들이는 순응주의와 방랑과 담배 연기, 고독에 대한 시를 많이 남겼어요.

그런데 만병의 근원이자 백해무익한 담배를 왜 피울까요? 대부분은 호기심으로 시작하지만, 일단 중독되면 습관적으로 피우게 됩니다.

그렇다면 이것은 무엇일까요?

괴물처럼 생긴 이것은 생산지나 말리는 방법에 따라 성분이 달라지기 때문에 이들을 적절히 섞어서 다양하게 제조합니다. 중독성 강한 이것은 무엇일까요?

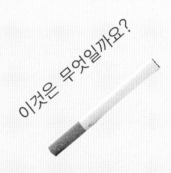

이것은 무엇일까요?

이것은 생산지나 말리는 방법에 따라 다양하게
제조되며 중독성이 강합니다.

12 이제 그만!

담배

담배를 피울 때 방출되는 물질들

빵과 담배는 순수한 우리말일까요? 포르투갈어인 pão(빠웅)과 tabaco(타바코)가 일본에서 빵과 담바코로 바뀌어서 우리나라로 전래된 외래어들입니다.

빵은 영양분과 에너지를 공급하지만, 담배의 해로움은 헤아릴 수 없을 정도로 많습니다. 특히 흡연은 청소년의 성장호르몬 분비를 방해하고 식욕부진이나 위염, 위궤양을 유발하며, 각종 암과 심장 및 폐질환과 성인병의 원인이 되지요.

왜 그럴까요?

그것은 주로 니코틴과 타르 때문입니다. 니코틴은 노르아드레날린의 분비를 촉진하여 중추 신경에 영향을 주며, 양이 많으면 신경이 마비됩니다. 또한 발암 물질이 많은 타르는 폐기능을 떨어뜨립니다. 이외에도 담배 연기에 포함된 일산화탄소와 미세먼지 등이 혈액 순환장애를 일으킵니다.

담배의 구조

담배는 가짓과의 여러해살이 풀인데, 지금은 이것으로 만든 제품을 말합니다. 담배는 건조실에서 뜨거운 바람으로 7일 정도 말리는 벌크 건조법과 3~4주 동안 자연 상태로 말리는 공기 건조법으로 만들어요. 담배는 담뱃잎과 종이, 티핑 종이 그리고 담배 필터로 구성됩니다.

담배의 종류

담배의 성분은 생산지마다 다르기 때문에 이들을 혼합하는 방법과 비율에 따라서 종류가 달라집니다. 또 담배에 첨가하는 물질로는 글리세린, 설탕, 감초 추출물, 박하 등으로 다양하기 때문에 종류가 많은 것입니다. 모두가 소비자를 위한 것이라고 하지만, 담배를 피우면서 건강해진 사람은 없을 거예요.

좀 더 천천히

흡연자들은 심리적인 안정을 좀 더 느끼기 위해 담배를 천천히 피웁니다. 그렇지만 담뱃잎이 들어간 부분은 겨우 5.5센티미터에 불과합니다. 이렇게 짧은 담배를 어떻게 오래 피울 수 있는 것일까요? 담배를 천천히 피우는 기술이 있는 것일까요?

담배 종이에는 미세한 탄산칼슘 가루가 입혀져 있습니다. 담배가 연소되면 탄산칼슘이 분해되면서 이산화탄소가 발생하지요. 이산화탄소는 공기 중의 산소가 접근하는 것을 방해하기 때문에 담배가 천천히 타는 것입니다. 일반 종이에도 표면을 매끄럽게 하기 위해서 탄산칼슘을 바르기도 합니다.

이것을 확인할 수 있는 간단한 방법이 있어요. 담배 종이를 식초에 담그면 탄산칼슘이 분해되면서 이산화탄소가 발생합니다. 탄산칼슘이 주성분인 대리석, 조개껍데기, 분필, 달걀 껍데기 등도 식초에 넣으면 이산화탄소가 발생합니다.

티핑 종이에는 작은 구멍들이 있습니다. 이것은 담배를 쉽게 필 수 있도록 흡연 시 외부에서 공기가 유입되는 통풍구로서 레이저 천공기로 뚫고 있습니다. 또 인체로 흡입되는 해로운 연기를 줄여주지요.

식초에 담근 종이에서 발생하는 이산화탄소

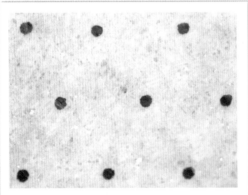

담배의 통풍구(200배)

이것마저 없으면……

필터란 불순물이나 오염물 등을 걸러내는 장치입니다. 담배 필터는 흡연 시에 발생하는 일산화탄소를 분해하거나 니코틴이나 타르와 같은 유해 물질을 걸러내지요. 필터는 흡착력이 강한 아세테이트 섬유로 만듭니다.

타르는 유기물을 열분해할 때 생기는 흑갈색 물질로서 석탄을 건류할 때 생기는 콜타르, 목재를 건류하여 얻는 나무타르 등이 있습니다. 이것들은 방부제나 염료의 원료로 사용됩니다. 물론 흡입하면 인체에 해롭지요.

또 어떤 필터들이 있을까요? 자동차의 연료 필터는 휘발유가 효율적으로 연소되도록 공기에 포함된 불순물을 걸러서 산소가 충분히 공급되게 합니다. 이외에도 정수기나 공기청정기의 필터 등이 있습니다.

담배에는 주로 활성탄과 필터가 분리된 이중 필터를 사용하며, 활성탄은 참나무나 대나무로 만듭니다. 구멍이 많은 활성탄은 겉넓이가 넓어서 일반 숯보다 유해한 기체를 더 잘 분해할 수 있어요.

흡연 전과 후의 필터를 비교해볼까요?

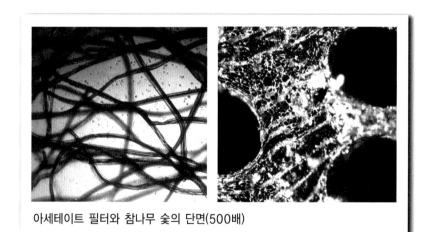

아세테이트 필터와 참나무 숯의 단면(500배)

유해 물질들이 흡착된 아세테이트 필터는 갈색으로 변합니다. 그러나 필터가 아무리 좋아도, 담배 연기의 유해 성분을 완전히 제거할 수는 없어요. 게다가 필터가 좋을수록 담배를 많이 피우게 되지요. 흡연자 옆에서 담배 연기를 들이마시는 간접 흡연도 연기 속의 타르 성분 때문에 해롭답니다.

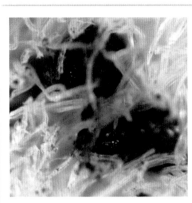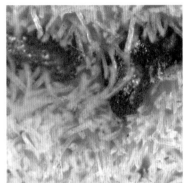

흡연 전과 후의 아세테이트 필터(200배)

담뱃갑! 너마저도……

담배는 환경에 어떤 영향을 미칠까요?

담뱃잎과 종이는 타서 재가 됩니다. 그리고 펄프가 주원료인 아세테이트 필터는 90일 정도면 분해되지요. 따라서 이들은 환경에 큰 영향을 미치지는 않습니다. 반면에 공기를 차단하고 담배 향과 수분의 손실을 막기 위해 담뱃갑을 둘러싸는 은박지나 폴리프로필렌 겉포장은 잘 썩지 않기 때문에 환경오염의 원인이 됩니다.

텔로미어와 담배

홉연은 수명과 관련된 염색체인 텔로미어에 치명적인 손상을 일으킵니다. 텔로미어는 그리스어로 끝을 의미하는 'telos'와 부위를 뜻하는 'meros'의 합성어입니다. 즉 염색체 끝에서 특정한 염기 서열이 수천 번 이상 반복되는 구조로 나이가 들수록 짧아집니다.

홉연자와 비만 환자는 정상인보다 텔로미어가 짧은 것으로 알려지고 있습니다. 1년 반 동안 홉연한 사람은 비홉연자보다 열 배 정도 염기쌍이 더 줄어들지요. 이는 홉연자의 세포가 훨씬 더 노화되었다는 뜻이에요.

세포가 복제되면서 완전히 복제되지 않고 점점 짧아지는 텔로미어는 '생명시계'라고도 합니다. 그런데 세포가 늙어도 이것이 짧아지지 않으면 오히려 암세포가 되기도 합니다. '텔로머라아제'라는 효소가 텔로미어가 짧아지는 것을 방해하기 때문에 암세포는 죽지 않고 계속 증식하는 것입니다.

50배

이것은 무엇일까요?

QUIZ

아이돌 가수를 좋아하나요?

대부분 빼어난 용모와 재능을 갖추고 있지만, 무엇보다도 화려한 댄스 실력과 개인기는 아이돌 가수의 기본입니다.

그러나 예전에는 뛰어난 가창력이 가수들의 기본이었습니다. 거기에 더해 지금의 댄스 열풍처럼 기타를 치면서 멋있게 노래하는 친구들이 인기가 많았지요. 그리고 〈옥수수 하모니카〉란 동요처럼, 하모니카도 누구나 한 번쯤은 불었던 추억의 악기입니다.

그렇다면 이것은 무엇일까요?

"~ 길은 험하고 비바람 거세도 서로를 위하며, 눈보라 속에도 손목을 꼭 잡고 따스한 온기를 나누리 ~"〈작은 연인들〉이라는 노래의 가사입니다. 아름다운 선율을 타고 흐르는 은은한 소리가 들리지 않나요?

이것은 무엇일까요?

하모니카처럼 누구나 한 번쯤은 다루어봤을
추억의 악기입니다.

13 작은 연인들

기타

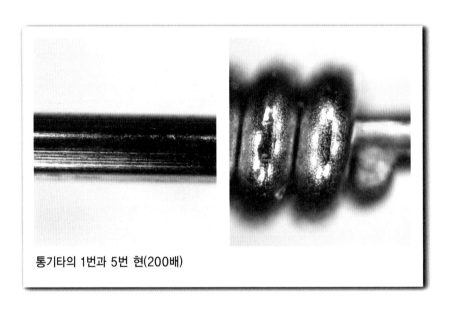

통기타의 1번과 5번 현(200배)

악기는 현(줄, string)이 있는 현악기, 입으로 부는 관악기, 손으로 치는 타악기로 구분합니다. 현악기는 다시 연주 방법에 따라 손가락이나 피크로 퉁기는 발현악기, 활로 마찰시키는 찰현악기, 채로 치는 타현악기로 나누지요. 전통 악기들 중에 거문고, 가야금, 비파 등은 발현악기이며, 해금과 아쟁은 찰현악기입니다. 건반악기인 피아노는 해머가 줄을 때릴 때 소리가 나기 때문에 타현악기에 속합니다.

바이올린과 기타는 어떻게 다를까요?

기타는 음을 조절하는 지판 위에 금속 막대인 프렛이 있으며 손이나 피크로 퉁기는 발현악기인 반면에, 바이올린은 프렛이 없고 활로 마찰시키는 찰현악기입니다. 바이올린은 단음인 멜로디를, 기타는 화음을 연주하지요. 따라서 기타는 풍성한 화음을 표현하기 위해 현이 여섯 개이며, 몸통이 큰 것이 특징입니다.

기타의 생명은 현에

기타는 현의 재질에 따라서 통(포크)기타와 클래식 기타가 있습니다. 통기타는 스틸 현을, 클래식 기타는 주로 나일론 현을 사용하지요. 전자 음을 사용하는 전자 기타도 있습니다.

통기타에서 고음을 내는 1번과 2번 현은 가느다란 스틸 단선입니다. 그러나 단선으로 저음까지 내려면 너무 두꺼워지기 때문에 중저음의 현들은 스틸 위에 청동선이 감겨 있습니다.

이들은 어떻게 다른 소리를 낼까요? 소리의 3요소는 높이, 세기, 맵시입니다.

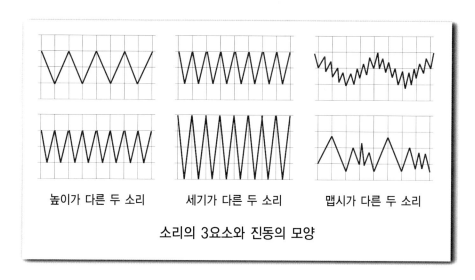

높이가 다른 두 소리   세기가 다른 두 소리   맵시가 다른 두 소리

소리의 3요소와 진동의 모양

고음과 저음의 위치

저음

고음

소리는 음원이 많이 진동할수록 높은데, 현이 가늘고 짧을수록 많이 진동하기 때문에 높은 소리가 납니다. 소리의 세기는 진동 폭에 좌우되며, 현을 세게 치면 큰 소리가 나지요.

그렇다면 피아노와 바이올린의 '도'는 왜 서로 다르게 들릴까요? 악기의 음은

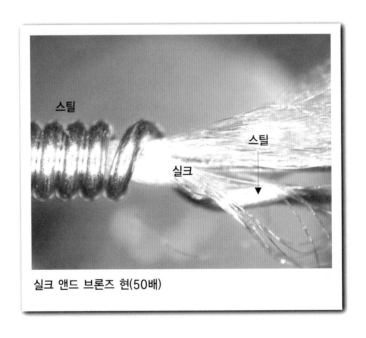

스틸

스틸

실크

실크 앤드 브론즈 현(50배)

하나의 진동이 아니라 여러 가지의 진동이 섞여 있습니다. 그래서 악기마다 이들이 섞인 음색이 다른 것입니다. 즉 진동수는 같지만 음색이 다르기 때문에 다른 소리로 들려요.

통기타의 현은 재질에 따라서 음색이 다르기 때문에 스틸 위에 감는 금속에 따라서 소리가 달라집니다. 스틸 같은 실크 앤드 브론즈 현의 안쪽에는 나일론과 스틸로 된 코어가 있습니다.

천상의 소리를 찾아서

클래식 기타의 4~6번 현도 스틸 현 같지요? 그러나 코어가 나일론이기 때문에 이들은 나일론 현입니다. 바이올린의 2~4번 현은 스틸 코어 위에 섬유, 라운

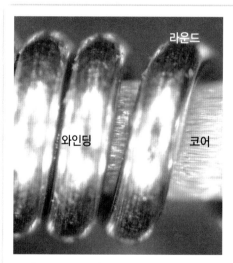

클래식 기타의 현(500배)과 바이올린 현(50배)

드 와운드, 플랫 와운드가 감긴 4중 구조입니다. 이렇게 복잡한 이유는 물론 아름다운 천상의 소리를 내기 위한 것입니다.

클래식 기타와 달리 바이올린의 현은 평평한 플랫 와운드로 감겨 있어요. 왜 그럴까요? 기타는 손가락과 현의 마찰에 의해 소리가 나며 음색이 밝아요. 그렇지만 바이올린은 말총과 같은 털로 만든 활로 마찰시켜 소리를 냅니다. 따라서 클래식 기타처럼 만들면 활이 그 사이에 낄 수 있습니다.

끈과 끈 이론

기타나 바이올린의 현과 '진동하는 끈이 만물의 근원'이라는 끈 이론은 어떤 관계가 있을까요?

돌턴이 만물의 기본 입자로 원자(atom)를 제안한 후 톰슨과 러더퍼드는 원자를 구성하는 전자와 원자핵을 발견했어요. 계속해서 원자핵 안에서 양성자와 중성자, 중간자가 발견되었습니다.

더 이상 쪼갤 수 없나요?

이들 속에는 쿼크가 있었어요. 만물의 근원은 쿼크나 전자 같은 초소립자로 여겨졌습니다. 그러나 만물의 근원이 10^{-33}센티미터의 매우 짧은 끈이라는 '끈 이론'이 제시되었습니다.

이 이론은 초소립자들이 모두 하나의 끈에서 나온다고 주장하지요. 기타나 바이올린이 현의 길이에 따라 다양한 소리를 내듯이, 하나의 끈이 다른 모양으로 진동하면서 다양한 에너지와 질량을 갖는 입자들을 만든다는 것입니다. 끈 이론은 완성되지는 않았지만, 우주의 네 가지 힘(전자기력, 중력, 약력, 강력)과 모든 입자를 설명할 수 있는 통합 이론으로 주목받고 있습니다.

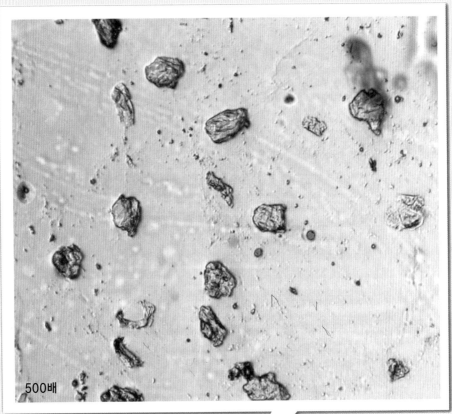

500배

종이를 붙일 때 풀 대신에 밥풀을 쓰기도 합니다. 밥에 있는 끈적끈적한 녹말이 접착제 역할을 하지요. 이러한 녹말풀은 주로 벽지를 도배하거나 옷에 빳빳하게 풀을 먹일 때에 사용합니다.

식물성인 녹말풀 외에도 아교풀, 부레풀과 같은 동물성 접착제가 있습니다. 아교풀은 소가죽을 고아서 추출한 젤라틴을 응고시킨 아교를, 부레풀은 민어의 부레를 끓인 액체를 응고시킨 것을 물과 함께 끓여서 만들지요.

접착테이프도 스카치테이프, 매직테이프, 절연테이프, 알루미늄테이프, 구리테이프 등이 있습니다.

그렇다면 이것은 무엇일까요?

손가락에 붙였다 떼어낸 스카치테이프에 달라붙어 있는 이것은 마치 길가에 흩뿌려진 돌멩이 같습니다. 피부에서 떨어져 나온 이것은 과연 무엇일까요? 여러분의 손 안에 있습니다.

이것은 무엇일까요?

손가락에 붙였다 떼어낸 스카치테이프에 달라붙어 있는 이것은 마치 길가에 흩뿌려진 돌멩이 같습니다.

14 세렝게티

포스트잇

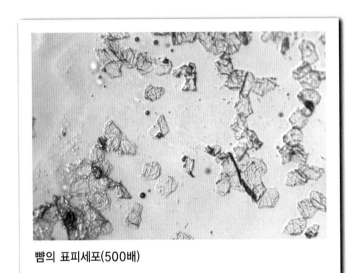

뺨의 표피세포(500배)

돌멩이처럼 생긴 이것들은 피부의 표피세포입니다. 떼어낸 테이프에 달라붙어 있었네요.

접착제의 시초는 송진입니다. 이후 녹말풀 등을 접착제로 사용했지요. 흔히 사용하는 딱풀

이나 물풀 외에도 오공본드와 같은 수성 접착제, 수초 만에 굳는 순간 접착제, 특수한 용도

로 사용되는 에폭시 접착제 등 종류가 다양합니다. 접착제의 성능을 좌우하는 중요한 기능

은 무엇일까요? 강력한 접착력입니다. 그렇다면 접착제는 항상 접착력이 강해야 할까요?

입술의 표피세포

아프리카의 세렝게티 국립공원에 서식
하는 수백 만 마리의 누 떼와 얼룩말, 영
양들은 건기가 되면 대이동을 시작합니
다. 악어들이 우글거리는 강을 목숨을
걸고 건너지요. 입술의 표피세포를 확대
한 사진은 마치 세렝게티의 동물들이 대
이동을 하는 것 같습니다.

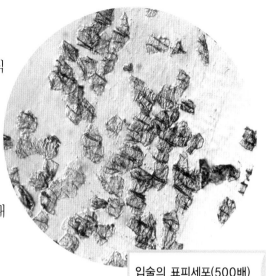

입술의 표피세포(500배)

세렌디피티의 법칙

'세렌디피티(serendipity)의 법칙'을 알고 있나요? 페르시아 우화 〈세렌딥의 세
왕자들〉에서 유래한 것으로 생각지 못했던 것을 우연히 발견하는 능력을 말합니
다. 그러나 우연은 많지 않아요. 대부분은 주어진 문제를 끊임없이 생각하다가,
예상하지 못한 곳에서 그 답을 발견하는 것이지요.

'포스트잇'에도 이 법칙이 적용됩니다. 1968년, 3M에 근무하던 스펜서 실버가
개발한 접착제는 접착력이 떨어져 쓸모가 없었지요. 그러던 어느 날 친구 프라
이가 책을 떨어뜨렸는데 그 사이에 끼워둔 쪽지들이 흩어져버렸어요. 그는 실버
의 접착제를 떠올렸습니다. 버려진 접착제가 포스트잇으로 재탄생하게 된 것이
지요.

단지 우연이었을까요? 프라이는 평소 접착제에 대한 생각으로 가득 차 있었습
니다. 그러다가 이 사건을 계기로 필요할 때 책에 붙일 수 있으면서도 쉽게 떼어
낼 수 있는 접착제를 발명한 것이에요.

어떤 차이가 있을까요? 접착력이 강한 일반 테이프는 0.1∼0.2마이크로미터
크기의 아주 작은 접착 입자를 사용합니다. 반면에 포스트잇은 50마이크로미

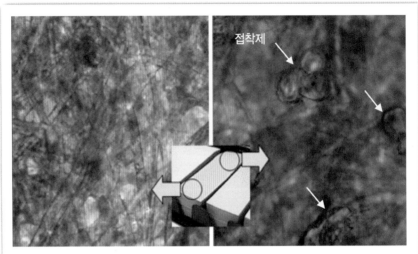

포스트잇의 접착 면과 접착되지 않는 부분(500배)

3M 매직테이프를 붙이기 전, 유리에 붙인 후, 떼어낸 후(500배)

터 정도 크기의 접착력이 약한 입자를 사용하기 때문에 쉽게 떨어집니다.

접착력이 약한 3M 매직테이프는 접착제의 모양이 일그러졌다가 떼어내면 복원되기 때문에 다시 사용할 수 있습니다.

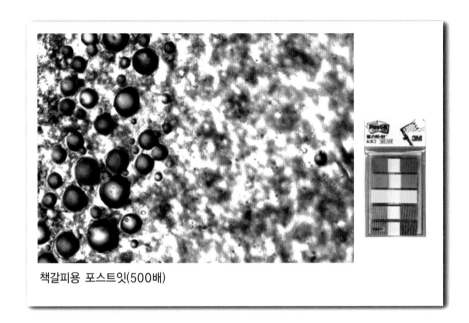

책갈피용 포스트잇(500배)

책갈피용 포스트잇은 접착제가 있는 곳과 없는 곳의 경계가 분명하지요? 포스트잇 접착제는 특허가 만료되었지만, 포스트잇, 포스트잇 노트, 카나리아 색은 3M의 고유 상표입니다.

접착제 없이도 붙인다

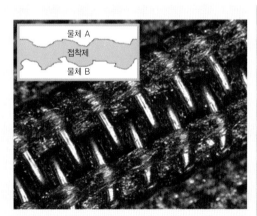

접착제의 원리와 지퍼가 잠긴 모양(30배)

접착제의 원리는 무엇일까요? 첫째, 입자들 사이의 인력입니다. 매끄러운 물체의 표면도 실제로는 울퉁불퉁해서 틈새가 있으며, 이것은 물체가 붙는 것을 방해합니다. 그런데 이 틈새로 접착제가 스며들면서 공기를 밀어내 물체들이 잘 붙는 것입니다.

둘째, 기계적인 앵커 효과입니다. 이것은 접착제가 굳으면서 울퉁불퉁한 물체를 마치 지퍼처럼 서로를 단단하게 결합시켜요. 마치 배가 정박하기 위하여 닻을 내리는 것과 같아요.

접착제가 없어도 물체 사이의 공기를 빼내면 외부에서 작용하는 대기압에 의해 서로 붙을 수 있어요. 그러나 아주 작은 틈새라도 공기가 들어가면 대기압에 의한 접착 효과가 사라져요. 거울이나 유리에 붙이는 압착 고무가 이러한 원리를 이용한 것입니다.

거울에 붙어 있는 압착 고무 ▷

순간접착제의 원리

순간접착제는 손에 닿으면 순식간에 손가락이 서로 달라붙어 위험할 수 있습니다. 순간접착제의 원리는 무엇일까요? 순간접착제에는 시아노아크릴레이트와 안정제가 섞여 있어요. 이것이 공기에 노출되면 안정제는 공기 중의 수분과 결합해요. 따라서 시아노아크릴레이트가 자기들끼리 반응하여 고분자가 되면서 물체를 붙게 하는 것입니다.

따라서 순간접착제는 수분과 잘 접촉하도록 얇게 바릅니다. 또 고분자가 되기 전에는 액체이기 때문에 틈새로 잘 스며들어 접착력이 강해요. 순간접착제는 외상을 봉합하거나, 정맥 등의 혈관과 부러진 뼈를 접착하는 등 환자들의 치료에도 널리 사용한답니다.

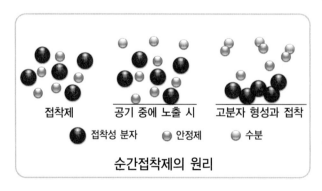

접착제　　　　　공기 중에 노출 시　　　고분자 형성과 접착

● 접착성 분자　　● 안정제　　● 수분

순간접착제의 원리

우유 접착제

우유 200밀리리터를 냄비에 붓고 약한 불로 가열하여 김이 나기 시작하면 불을 끄고, 식초를 두 스푼 정도 넣고 천천히 저어요. 우유가 몽글거리면 천으로 걸러서 물기를 제거하여 잘 반죽하면 카세인 접착제가 됩니다.

우유 단백질인 카세인은 산을 만나면 응고되면서 아교와 같은 접착력을 갖습니다. 이것으로 단추 등을 만들기도 합니다.

우유를 이용한
카세인 접착제

125

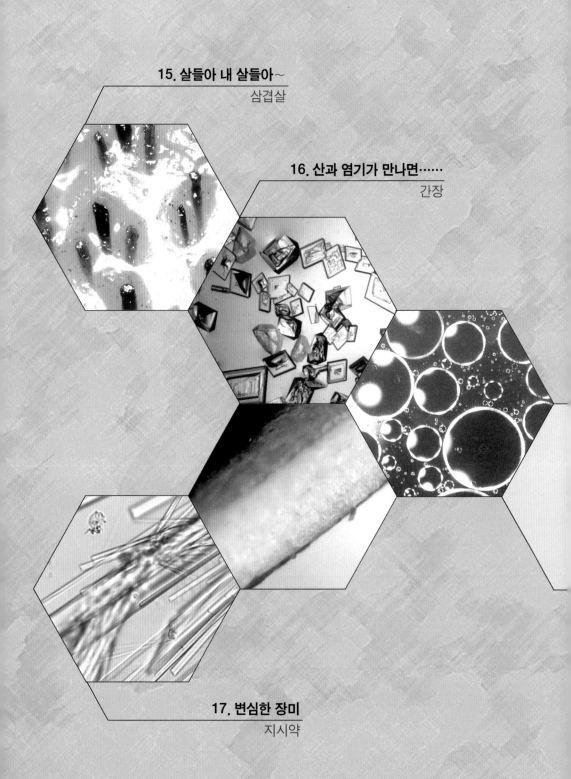

15. 살들아 내 살들아~
삼겹살

16. 산과 염기가 만나면……
간장

17. 변심한 장미
지시약

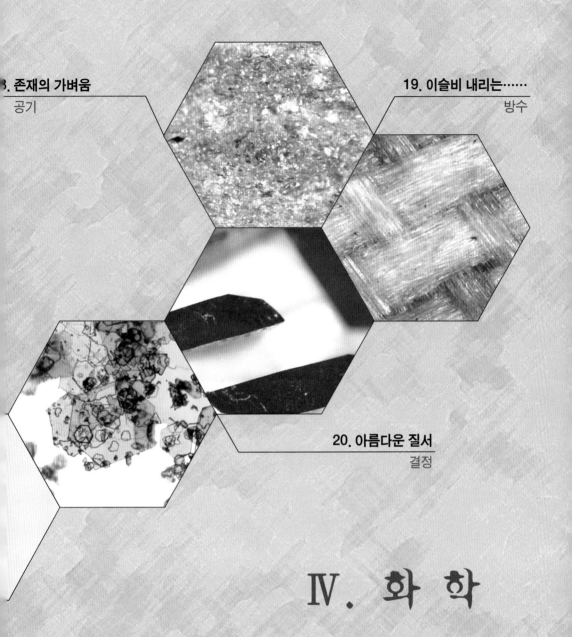

18. 존재의 가벼움
공기

19. 이슬비 내리는……
방수

20. 아름다운 질서
결정

IV. 화 학

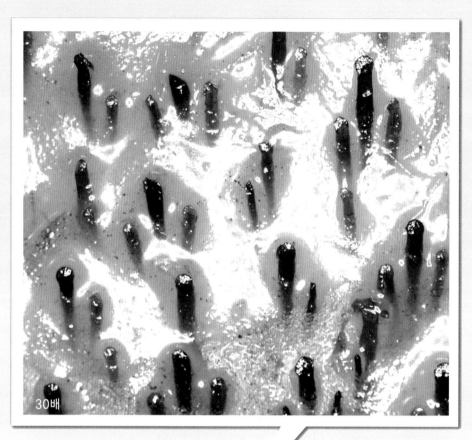

30배

사람에게 가장 중요한 가축은 '소'입니다. 그 다음은 돼지, 꿀벌, 닭의 순서이지요. 꿀벌도 가축입니다. 꿀벌이 농작물의 수분에 관여하기 때문이지요. 식물의 약 80퍼센트는 꿀벌에 의해 수분됩니다.

즐거운 식사 시간! 오늘은 어떤 반찬이 올라올까요?

예전에는 달걀부침이 최고의 도시락 반찬이었습니다. 잡곡밥 위에 살짝 얹힌 엄마의 정성이 듬뿍 담긴 달걀부침! 친구들에게 뺏기지 않으려면 '마파람에 게 눈 감추듯' 먹어야 했지요.

지금은 고기나 인스턴트 식품을 많이 먹지만, 건강을 위해서는 채소나 과일 등을 풍부히 섭취해야 합니다. '콩 심은 데 콩 나고 팥 심은 데 팥 난다'는 말처럼 섭취하는 음식에 따라서 건강 상태가 달라져요. 물론 운동도 필요합니다.

그렇다면 이것은 무엇일까요?

자세히 보면 까만 털 하나 옆에 갈색 털 두 개가 있어요. 이것은 잡식성이기 때문에 사람에게 해롭다고도 하며, 이슬람교인들은 먹지 않습니다.

이것은 무엇일까요?

이것은 잡식성이기 때문에 사람에게 해롭다고도 하며, 이슬람교를 믿는 사람들은 먹지 않습니다.

15 살들아 내 살들아~

삼겹살

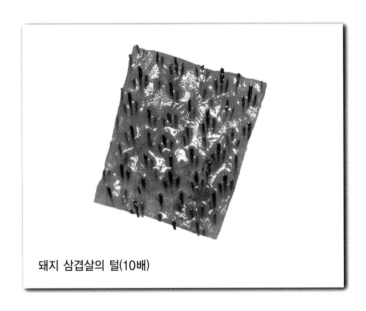

돼지 삼겹살의 털(10배)

비누는 단순히 손과 발, 얼굴을 씻는 것뿐만 아니라 전염병 예방에도 중요한 역할을 합니다. 비누는 어떻게 만들까요? 기원전 지중해 지역에 살던 페니키아인들은 양을 태워 신에게 제물로 바쳤습니다. 이때 떨어지는 기름과 섞인 나뭇재는 세탁력이 탁월했지요. 나뭇재에 남아있던 탄산칼륨이 지방과 섞이면서 비누가 되었기 때문입니다.

비누의 성질과 재료

비누에는 물에 잘 섞이는 친수성 부분과 지방에 잘 섞이는 친유성 부분이 있습니다. 친수성 부분은 물과 결합하고 친유성 부분은 기름 때와 결합하여 세탁이 되는 것이지요. 지금은 나뭇재 대신에 양잿물이라는 수산화나트륨 용액과 지방으로 비누를 만듭니다. 비누를 만드는 데 사용되는 대표적인 동물성 지방은 돼지기름입니다.

머리카락이 쭈뼛

비 오는 밤길에 혼자 걷다가 갑자기 튀어나온 고양이 때문에 소스라치게 놀란 적이 있나요? 그럴 때 '머리카락이 쭈뼛, 등골이 오싹하다'고 합니다. 정말로 머리카락이 쭈뼛 설까요?

포유동물의 특징은 젖을 먹이는 것과 몸에 털이 나는 것입니다. 사자는 자신을 과시하기 위해서, 고슴도치는 상대를 공격하거나 방어하기 위해서 피부 밑의 털세움근으로 털을 곧추 세우지요.

그렇다면 사람은 어떤가요? 비록 퇴화되었지만 사람도 털세움근이 있어 공포

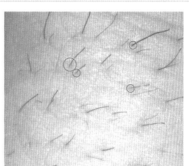
사람의 머리카락과 손가락의 털

영화를 보거나 놀라면 소름이 돋습니다. 돼지의 털은 세 개가 하나의 털세움근으로 연결되어 있습니다. 하나의 털세움근이 3~4개의 털을 동시에 잡아당기면 효율이 높기 때문입니다. 사람도 2~3개가 짝으로 된 털이 많습니다.

돼지 털은 중석, 흑연, 철광, 생사, 김, 한천, 면직물 등과 함께 1950년대 우리나라의 주요 10대 수출 상품이었습니다. 돼지 털은 가발, 붓, 청소용 빗자루, 옷솔과 구둣솔 등을 만드는 데 사용되지요.

기름방울과 표면장력

고깃국에 떠다니는 기름방울들은 시간이 지나면 점점 커집니다. 왜 그럴까요? 그것은 표면장력 때문입니다.

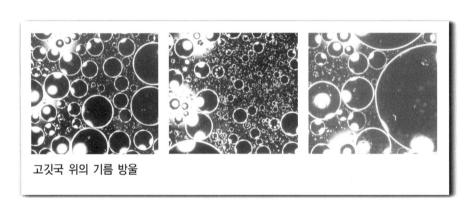

고깃국 위의 기름 방울

표면장력이란 액체의 겉넓이를 최소화시키려는 힘입니다. 표면에 있는 분자들은 내부에 있는 분자들보다 불안정해요. 따라서 기름방울이 작게 분산되거나 흩어져 있을 때보다 크게 뭉쳐 있을 때 표면에 노출된 분자의 수가 더 적기 때문에 안정한 것입니다.

살을 뺀다는 것

단백질과 함께 인체의 주요 구성 물질인 지방은 체내 호르몬을 합성하고 체온을 유지하는 데 중요한 역할을 합니다. 또 피부의 탄력을 유지하며, 외부 충격이나 추위로부터 장기와 몸을 보호하며 에너지가 부족할 때 유용하게 사용됩니다. 낙타가 사막에서 오래 견디는 것도 혹에 지방이 충분히 저장되어 있기 때문입니다.

그러나 필요한 열량 이상으로 음식을 섭취하면 초과된 열량은 피하지방으로 과도하게 쌓여 비만이 됩니다. 그리고 혈액의 점도가 높아지면서 고지혈증으로 혈관 질환과 함께 혈액을 순환시키는 심장에도 큰 부담을 주지요. 간에 지방이 쌓이면 간 기능도 떨어집니다. 이처럼 과도한 지방은 각종 성인병의 원인이 됩니다.

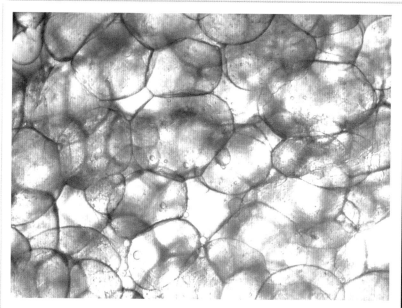

돼지의 삼겹살 지방 세포(500배)

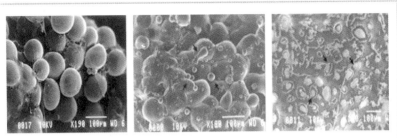

레이저 조사 전, 4분 후, 6분 후의 지방 조직의 변화(Neira, R. et al., plast. Reconstr. Surg. 110: 912, 2002.)

비만 환자의 뱃살에 가득 찬 지방세포는 어떻게 제거할까요?

가장 좋은 방법은 적절한 운동으로 분해하는 것입니다. 그러나 비만이 심하면 레이저로 지방을 녹여서 제거하는 지방흡입술로 치료합니다. 따라서 살이 아니라 지방이 빠지는 것이지요. 지방은 육류뿐 아니라 생선이나 과일에도 있습니다. 다음 쪽 사진에서 동그란 부분이 바나나의 지방 세포랍니다.

갈치의 지방 세포(500배)

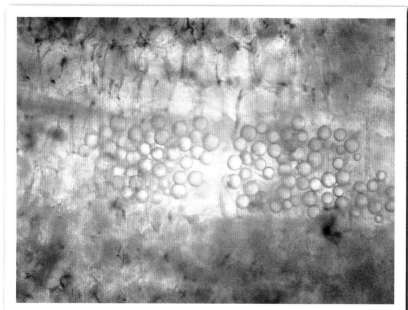
바나나의 지방 세포(500배)

지방과 기름의 차이

대개 상온에서 고체이면 지방, 액체면 기름이라 불러요. 따라서 삼겹살을 먹고 난 후 굳어 있는 것은 지방이고, 옥수수에서 짜낸 것은 기름입니다. 기름에는 동·식물유, 석유 및 가솔린, 식물의 꽃·잎·줄기 등에서 얻는 정유가 있어요.

왜 지방은 고체이고 기름은 액체일까요?

고체는 액체보다 분자 사이에 작용하는 인력이 더 큰데, 이러한 인력은 주로 분자들이 접촉하는 넓이에 비례합니다. 따라서 구조가 규칙적인 포화지방산은 차곡차곡 쌓여 고체가 되는 반면에 구조가 불규칙한 지방산은 액체가 되는 것입니다.

200배

이것은 무엇일까요?

QUIZ

벌에 쏘이거나 지네에 물린 적이 있나요?

이럴 때는 보통 연고나 물파스를 바르지만, 예전에는 요강에 있는 소변에 상처 난 곳을 담가 응급처치를 하기도 했어요. 소변의 염기성 암모니아가 산성인 벌레의 독을 중화하기 때문이에요.

이처럼 산과 염기가 반응하는 것을 산·염기반응이라고 해요. 이 밖에 어떤 산·염기 반응이 있을까요?

생선 비린내는 단백질이 분해되면서 생긴 염기성 물질에 기인하기 때문에 산성인 레몬즙으로 중화시켜요. 위산이 과다하게 분비될 때에는 염기성 물질인 제산제를 복용하지요. 산성화된 토양에 석회 가루를 뿌리거나, 신 김치에 달걀 껍데기를 넣는 것도 산·염기 반응을 이용한 것입니다.

그렇다면 이것은 무엇일까요?

마치 해안가 절벽처럼 가파르지요? 이것은 산성인 질산과 염기성인 수산화나트륨을 중화한 용액을 증발시켜 만든 결정입니다. 과연 어떤 결정일까요?

이것은 무엇일까요?

이것은 산성인 질산과 염기성인 수산화나트륨을
중화한 용액을 증발시켜 만든 결정입니다.

16 산과 염기가 만나면……

간장

간장의 종류

이름	한식간장	양조간장	산분해간장	효소분해간장	혼합간장
원료	콩	탈지대두와 밀			
제조법	콩으로 만든 메주를 발효 → 소금물에 담가 40~50일 정도 숙성 → 가열	원료를 볶아 분쇄 → 미생물 발효 → 소금물에 숙성	원료를 염산으로 분해 → 수산화나트륨으로 중화	원료를 효소로 분해	양조간장과 산분해간장을 혼합
용도	국, 찌개, 무침	양념, 조림, 찜			

볶음밥, 주먹밥, 김밥은 만들기가 쉽지만 국이나 찌개를 끓이기는 어려워요. 왜 그럴까요? 아마도 간장의 종류가 많기 때문이 아닐까요? 간장에는 한식간장, 양조간장, 산분해간장, 효소분해간장, 혼합간장 등이 있어요. 한식간장은 국간장, 조선간장, 재래간장으로도 부릅니다.

간장의 종류

국이나 찌개에는 한식간장을, 조림이나 찜은 양조간장을 사용합니다. 그런데 이러한 간장은 발효와 숙성시키는 데 오래 걸리기 때문에 빨리 만들 수 있는 산분해간장이 개발되었습니다. 산과 염기의 반응을 이용하기 때문에 화학간장이라고도 부르지요.

산분해간장은 유해성 논란으로 사용량이 줄어들었지만, 여전히 양조간장에 일부를 섞은 혼합간장에 많이 사용해요. 한식간장이나 양조간장만으로는 양이 모자라기 때문입니다. 또 혼합간장에 첨가제를 넣어 국을 끓일 때 쓰는 국간장과, 조림에 사용하는 진간장도 있습니다.

독극물로 만든 간장

산분해간장은 탈지대두와 밀을 염산 용액으로 분해시킨 후 강염기인 수산화나트륨 용액으로 중화시켜서 만듭니다. 수산화나트륨 용액은 양잿물이라 불리는 독극물인데 위험하지 않나요? 신기하게도 염산 용액과 수산화나트륨 용액을 반응시키면 물과 소금만 남습니다.

확인해볼까요? 이 용액에서 물을 증발시키고 남은 결정의 모양이 소금물을 증발시켜서 얻은 결정의 모양과 똑같아요.

돼지기름과 수산화나트륨 용액으로 비누를 만드는 것처럼, 염산과 수산화나트륨이 반응하면 소금이 생겨요. 혹시 수산화나트륨 결정이 남아 있는 것은 아닐까요?

중성 용액을 증발시켜 얻은 소금 결정(50배)

수산화나트륨 결정(200배)

질산나트륨 결정(50배)

황산나트륨 결정(50배)

그렇지 않아요. 수산화나트륨 용액을 증발시키면 나뭇잎 모양의 결정이 생깁니다.

이처럼 화학반응은 반응물들을 완전히 다른 생성물로 만듭니다. 수소와 산소가 반응하여 물이 생기는 것처럼 말이지요. 다만 염산으로 탈지대두 등을 분해할 때 유해 물질이 생긴다는 논란은 있습니다.

중화반응으로 생긴 다양한 결정

염산과 함께 많이 사용하는 산성 물질은 질산과 황산입니다. 이들이 수산화나트륨과 중화반응을 하면 어떤 결정이 생길까요? 질산과 수산화나트륨에서 질산나트륨이, 황산과 수산화나트륨에서 황산나트륨이 생깁니다.

질산나트륨 결정은 평행사변형 모양이에요. 앞에서 본 해안가 절벽 같은 결정도 이들이 성장하면서 만들어진 결정입니다.

황산나트륨 결정은 마치 보석 같지요? 결정들은 저마다 독특하고 아름다운 모양을 갖고 있습니다.

산과 염기는 우리의 친구

우리는 일상생활에서 다양한 산과 염기를 접하고 있어요. '생명에 필수적인 물질'인 비타민이 결핍되면 질병에 잘 걸려요. 예전에는 오랫동안 항해한 선원들은 괴혈병에 시달리곤 했지요. 장기간 신선한 채소를 섭취하지 못해 비타민C가 부족했기 때문입니다. 비타민C는 아스코르빈산이라는 산성 물질입니다.

미원도 산성 물질인 글루탐산의 일부가 나트륨으로 바뀐 물질입니다. 위산이 과다하게 분비될 때 사용하는 소화제들은 주로 염기성 물질이지요. 식초의 주성분인 아세트산도 산성 물질이에요.

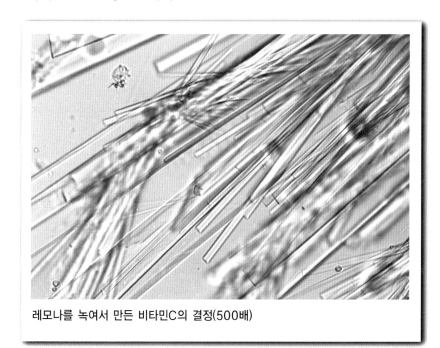

레모나를 녹여서 만든 비타민C의 결정(500배)

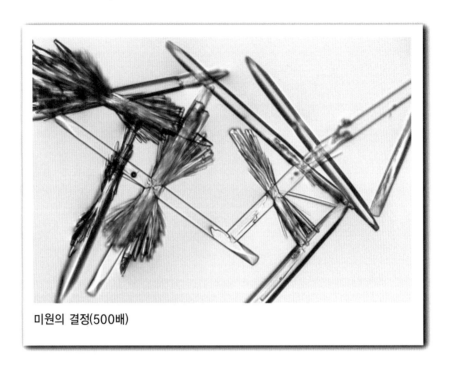

미원의 결정(500배)

머리카락으로 만든 간장

콩기름을 짜고 남은 탈지대두에는 단백질과 탄수화물이 많습니다. 염산에 의해 단백질은 간장의 맛을 내는 아미노산으로, 탄수화물은 당분으로 분해됩니다.

머리카락을 이루는 단백질로도 간장을 만들 수 있을까요? 단백질은 20개 아미노산의 배열과 구조에 따라서 종류가 달라집니다. 머리카락은 주로 케라틴 단백질로 이루어져 있어요. 따라서 머리카락을 염산 용액에 담가 아미노산으로 분해한 후 염기성 용액으로 중화시켜 찌꺼기를 거르면 간장을 만들 수 있습니다.

실제로 일본에서는 제2차 세계대전 당시 탈지대두가 모자라자 생선이나 머리카락으로 간장을 만들었습니다. 물론 단백질마다 성분이 다르기 때문에 맛은 다르겠지요?

양조간장과 산분해간장의 차이

이들의 제조 방법을 비교하면 산분해간장은 산·염기 중화반응에 의해 많은 양의 소금이 생깁니다. 반면에 양조간장을 만들 때는 메주를 소금물에 담가서 미생물로 발효시켜요. 따라서 산분해간장과 양조간장, 그리고 이 둘을 섞어서 만든 혼합간장은 짠맛이 납니다.

혼합간장은 진간장 혹은 왜간장이라고도 합니다. 원래 진간장은 오래 묵어 진한 색깔을 띠는 간장이에요. 오래될수록 간장의 단맛이 깊어지기 때문에 귀한 손님이 오면 사용하곤 했지요. 그러나 일본에서 만든 산분해간장도 진간장의 맛을 모방하면서 지금은 진간장이 오히려 왜간장, 즉 일본 간장으로 불리고 있습니다.

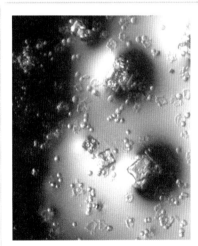

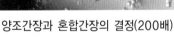
양조간장과 혼합간장의 결정(200배)

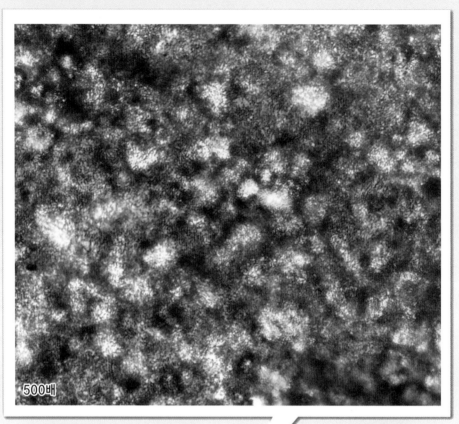

500배

남북의 길이가 삼천리인 한반도!

마치 비단에 수를 놓은 것처럼 아름다운 우리나라는 예부터 삼천리금수강산이라 불렸습니다. 백두에서 한라까지 봄, 여름, 가을, 겨울 사계절이 뚜렷한 경치가 펼쳐진 우리나라는 축복받은 나라입니다.

사계절 중에서 어떤 계절을 가장 좋아하나요?

사람마다 다르겠지만 만물이 소생하고 힘찬 나래를 펴는 계절의 여왕 5월은 어떠세요? 봄에는 해당화, 수선화, 백합, 찔레꽃, 복사꽃, 벚꽃, 개나리, 라일락, 진달래들이 산과 들에서 꽃의 향연을 펼칩니다.

그렇다면 이것은 무엇일까요?

꽃의 여왕인 이것의 꽃말은 열렬한 사랑, 열정, 아름다움입니다. 줄기에는 가시가 있어 외부의 위험으로부터 자신을 보호합니다.

이것은 무엇일까요?

꽃의 여왕인 이것의 꽃말은 열렬한 사랑, 열정, 아름다움입니다.

17 변심한 장미

지시약

장미꽃

용액의 성질에 따라서 색깔이 카멜레온처럼 변하는 지시약을 기체의 압력과 부피는 반
비례한다는 '보일의 법칙'으로 유명한 과학자 '보일'이 발견했습니다.

그는 황산 용액을 만들던 중 실수로 떨어뜨렸는데, 주위에 있던 제비꽃의 색깔이 보라색
에서 빨간색으로 변하는 것을 보고 지시약을 만들었습니다.

장미도 카멜레온처럼……

식물은 주로 안토시아닌 색소에 의해 색깔을 띠는데, 식물마다 안토시아닌의 종류가 다릅니다. 안토시아닌 색소를 추출하고 난 후의 장미꽃 색깔이 다르지요?

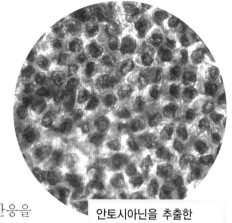

안토시아닌을 추출한 장미꽃(500배)

지시약은 용액의 성질이나 산·염기 중화반응을 확인하는 시약입니다. 용액의 성질은 수소이온이 많으면 산성, 수산화이온이 많으면 염기성, 둘의 양이 같으면 중성이에요. 안토시아닌 색소는 용액의 성질에 따라 다른 파장의 빛을 흡수해서 색깔이 달라지기 때문에 지시약으로 사용합니다.

그렇다면 장미꽃 지시약의 색깔은 어떻게 변할까요?

염산 용액, 끓인 물, 수산화나트륨 용액에 넣은 장미꽃 지시약의 색깔이 아름

용액의 성질에 따른 장미꽃 지시약의 색깔 변화

답고 선명하지요? 열렬한 사랑과 정열을 상징하는 붉은 장미도 끓인 물이나 염기성 용액에서는 보라색, 노란색으로 변한답니다.

장미의 아름다움에는 가시가 있다?

꽃의 여왕인 장미에 돋은 가시 이야기를 알고 있나요?

그리스 신화에 따르면 사랑의 신 큐피드가 사랑스런 장미꽃에 반해 키스를 하려고 입술을 내밀었다고 해요. 그런데 꽃 속에 있던 벌이 깜짝 놀라 침으로 큐피드의 입술을 콕 쏘고 말았답니다. 이에 화가 난 큐피드의 어머니인 비너스가 벌의 침을 빼내어 장미 줄기에 붙여둔 것이 가시가 되었다고 하네요.

식물마다 모양은 다르지만 각자 짐승이나 벌레로부터 자신을 보호하기 위한 수단을 갖고 있지요. 같은 가시지만, 장미는 줄기의 껍질이, 탱자나무는 줄기가, 선인장은 잎이 변한 것입니다. 이처럼 발생의 기원은 다르면서도 기능이 같은 것을 상사기관이라고 합니다.

그런데 장미 가시는 생각과는 달리 끝이 뾰족하지 않아요. 버섯처럼 동그란 끝은 성장하면서 떨어져 나가기 때문에 끝이 분화구처럼 파여 있지요. 그래도 찔리면 아프답니다.

장미 가시의 성장(50배)

자주색 양배추 지시약

장미꽃 외에도 나팔꽃, 붓꽃, 포도, 도라지꽃, 카네이션, 검은콩, 자두 등의 색소도 지시약으로 사용할 수 있습니다. 자주색 양배추도 그중 하나지요.

잎이 겹겹이 싸여 있는 자주색 양배추는 신기하게도 안쪽의 잎에도 기공이 많아요. 이 기공들은 특이하게도 2~3개씩 짝지어 있어요. 식물로 만든 지시약은 대체로 산성에서는 붉은색, 염기성에서는 청색, 연두색, 노란색을 띱니다.

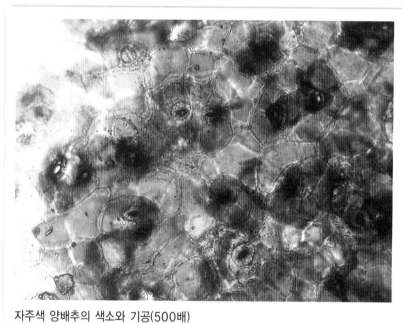

자주색 양배추의 색소와 기공(500배)

pH에 따른 자주색 양배추 지시약의 색깔

pH	0	1	2	3	4	5	6	7	8	9	10	11	12
용액의 색	붉은색		붉은 자주색			자주색			청록색		녹색		노란색

장미꽃이나 자주색 양배추에서 색소를 추출하려면 비이커나 가열 장치가 필요합니다. 쉽게 지시약을 얻는 방법은 없을까요?

간단하게 과일 주스를 사용하면 됩니다. 예를 들어 포도 주스를 식초, 사이다, 퐁퐁, 옥시크린 등에 넣어 보면 용액에 따라 색깔이 변하는 것을 알 수 있어요. 퐁퐁과 옥시크린은 색의 변화를 쉽게 관찰할 수 있도록 물을 더하여 농도를 묽게 하여 사용합니다.

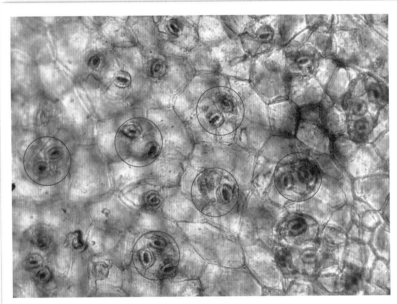

색소를 추출한 자주색 양배추(500배)

용액의 성질에 따른 자주색 양배추 지시약의 색깔 변화

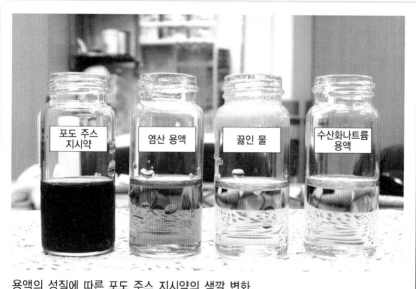
용액의 성질에 따른 포도 주스 지시약의 색깔 변화

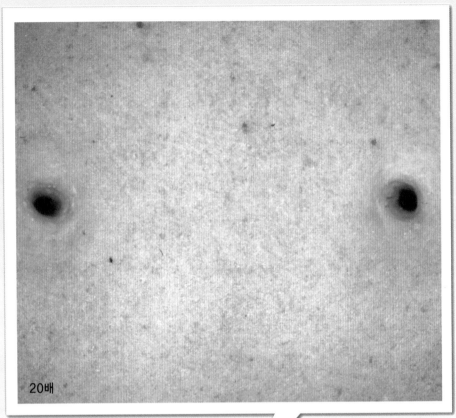

20배

흔히 공기와 기체는 같은 의미로 사용되지만 큰 차이가 있습니다. 공기는 우리가 숨 쉬는 대기를 말하며, 기체는 공기를 구성하는 성분을 말합니다. 즉 공기는 질소, 산소, 아르곤 기체 등이 섞인 혼합물이에요.

기원전 4세기경 아리스토텔레스는 물, 불, 흙, 공기가 만물의 기본 물질이라는 4원소설을 주장했습니다. 그리고 차갑고 습한 물, 따뜻하고 건조한 불, 차갑고 건조한 흙, 따뜻하고 습한 공기가 서로 변환되면서 만물을 만든다고 생각했지요. 그는 공기를 순수한 물질로 생각했어요.

17세기에 이르러 공기는 원소가 아니라는 사실이 밝혀졌어요. 갈색의 산화질소는 공기와는 전혀 달랐지요. 황록색의 염소도 있어요. 탄산칼슘을 가열할 때 생기는 이산화탄소, 불이 잘 붙는 수소, 연소를 돕는 산소 등이 발견된 것입니다.

그렇다면 이것은 무엇일까요?

군인들이 즐겨 먹는 간식이자 비상시에는 전투식량으로 사용하는 이것에는 두 개의 구멍이 뚫려 있습니다.

이것은 무엇일까요?

이것은 군인들이 즐겨 먹는 간식이자
비상시에는 전투식량으로 사용하기도 합니다.

18 존재의 가벼움

공기

비스킷과 공기 구멍

건빵은 오랫동안 별미로 사랑받아 왔습니다. 건빵에 들어 있는 별사탕은 입안에 침이 고이게 해서 건빵을 잘 삼킬 수 있게 도와줍니다. 그런데 건빵에 구멍은 왜 있을까요? 건빵은 밀가루를 설탕, 소금 등과 반죽한 뒤 이스트로 발효시켜서 구워지지요. 따라서 온도가 올라가면 공기의 압력에 의해 건빵이 부풀어 오르는 데, 건빵이 터지지 않도록 구멍을 뚫어놓는 것입니다. 그런데 비스킷과는 달리 건빵의 구멍은 두 개입니다. 구멍이 많으면 비스킷처럼 납작해지고, 하나만 있으면 볼록하거나 터지기 때문입니다. 이처럼 일상생활에서 공기의 성질과 관련된 예는 쉽게 찾을 수 있습니다.

포도주의 생명, 코르크 마개

음식물은 미생물, 세균들이 번식하기에 적당한 온도(37도 전후)와 산소가 주어질 때 쉽게 상합니다. 따라서 음식물은 공기를 차단하고, 낮은 온도에서 보관해야 합니다.

포도주 병에서는 코르크 마개가 포도주의 신선도를 좌우합니다. 가볍고 탄력이 있는 코르크 마개는 포도주가 숙성될 때 생기는 이산화탄소가 빠져나갈 수 있는 작은 구멍이 많기 때문이에요. 반면에 코르크가 마르면 갈라진 틈새로 공기가 병 안으로 들어오기 때문에 병을 눕혀서 코르크를 젖은 상태로 보관해야 합니다. 로버트 후크는 현미경으로 관찰한 코르크의 구조가 수도원의 작은 방(cell)과 같다고 하여 '세포'라는 말을 최초로 사용하였습니다.

후크의 현미경과 후크가 관찰한 코르크 세포 구조

옹기

예부터 옹기는 숨 쉬는 그릇이라 불렸어요. 진흙을 반죽할 때 만들어지는 흙의 결을 따라 생긴 구멍들이 숨구멍의 역할을 하기 때문입니다. 또 높은 온도로 옹기를 가열할 때 진흙에 들어 있던 물이 빠져나가면서 그 자리에 작은 구멍들이 생깁니다.

공기는 이 구멍을 통과하지만 물은 통과할 수 없어요. 따라서 빗물은 차단하고 공기는 통과시키는 옹기는 된장, 간장, 김치, 젓갈 같은 발효 음식의 저장 용기로 널리 사용되고 있습니다.

옹기의 단면(200배)

스코리아

'미스코리아'의 줄임말인가요? 스코리아 (scoria)란 화산이 폭발할 때 빠져나간 기체로 인해 많은 구멍이 형성된 화산 분출물을 말합니다.

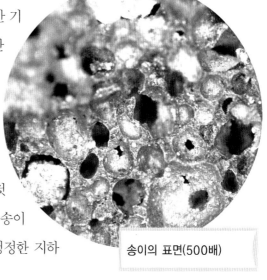

고온다습한 제주도에서는 스코리아를 '송이'라 불러요. 송이는 보온, 단열, 방음, 방습 및 여과제로 쓰이며, 비가 올 때는 흙탕물이 생기는 것을 방지하기 위해 사용해요. 빗물은 송이층을 지나면서 오염물이 제거되어 청정한 지하수가 됩니다.

송이의 표면(500배)

초기의 한라산은 종상화산이었으나, 대규모 폭발로 백록담 화구가 형성된 이중화산입니다. 그리고 후화산 작용으로 생성된 기생화산인 '오름'의 90퍼센트는 지름이 작은 스코리아로 이루어져 있습니다.

숯

기공이 많은 숯은 흡착력이 뛰어나 냉장고 탈취제나 물 여과제로 사용합니다. 또 공기가 습하면 습기를 흡수하고, 건조하면 내놓는 등 습도를 조절하는 기능도 있습니다.

숯은 과일이 익을 때 생기는 에틸렌을 흡착해서 분해하기 때문에 과일을

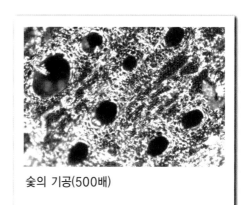

숯의 기공(500배)

신선하게 보관하는 데 사용합니다. 전기가 통하는 숯인 백탄은 기공이 많을수록 전자파 차단 효과가 뛰어나요.

스티로폼

야외에서 음식을 차갑거나 따뜻하게 보관하고자 할 때는 보통 스티로폼 용기를 사용합니다. 스티로폼은 고분자에 발포제를 넣고 증기로 열을 가하는 과정을 통해 내부에 기포가 생기도록 만듭니다. 부피의 98퍼센트가 기포인 스티로폼은 단열 효과가 뛰어납니다. 스티로폼이 공해 물질로 사용이 금지된 적도 있지만, 지금은 분리수거하여 재활용하고 있어요.

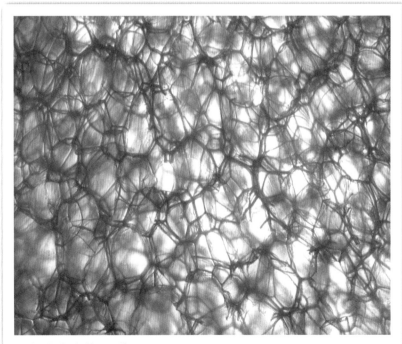

스티로폼의 단면(200배)

얼음 안의 수중 도시

냉장고에서 얼린 얼음 조각을 보면 가운데가 뿌옇게 되어 있습니다. 왜 그럴까요? 물을 냉동실에 두면 온도가 낮아지는 바깥쪽부터 얼기 시작합니다. 따라서 미처 빠져나가지 못한 공기들이 안에서 기포를 형성합니다. 이 기포들은 빛을 산란시키기 때문에 뿌옇게 보여요. 수중 도시 같지 않나요? 기포가 없는 투명한 얼음을 만들려면 끓인 물을 얼리거나 물을 저으면서 얼려야 합니다.

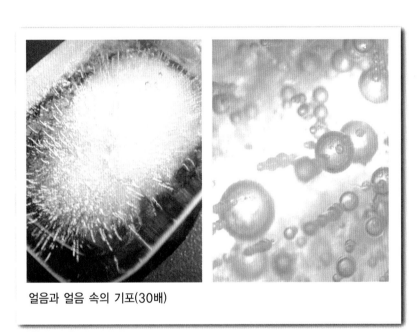

얼음과 얼음 속의 기포(30배)

컵라면이 빨리 익는 이유

간편한 조리 식품인 라면은 어떻게 만들까요? 물에 삶은 면을 100도 이상 높은 온도의 기름에 튀기면 면 안에 남아 있던 물이 기화되어 빠져나가면서 구멍이 많은 면발이 됩니다. 이것을 끓는 물에 삶으면 맛있는 라면이 됩니다.

그렇다면 컵라면과는 어떤 차이가 있을까요? 컵라면의 면발은 미세 구멍과 빨리 익는 전분의 양이 일반 라면보다 훨씬 많아요. 따라서 뜨거운 물만 넣어도 금 방 면이 익는 것입니다.

봉지라면과 컵라면의 면발(200배)

우유는 왜 금속 캔 포장이 없을까?

우유를 신선하게 보관하려면 외부의 열을 효과적으로 차단해야 합니다. 또 금속 캔은 우유의 미네랄과 반응할 수도 있습니다. 따라서 우유는 금속 캔 대신에 열전 도율이 낮은 종이팩을 사용하지요. 그렇지만 '톡 쏘는' 맛의 탄산음료는 높은 압력 으로 이산화탄소를 녹여야 하기 때문에 금속 캔을 사용합니다.

우유팩은 우유의 살균 온도와 보존 기간에 따라서 카톤팩이나 테트라팩을 사 용합니다. 대개 130도에서 2~3초 동안 살균한 우유를 포장하는 3~4겹의 카톤 팩은 저렴하지만, 공기가 통하기 때문에 세균이 번식할 수도 있어요. 카톤팩의 유통기한은 4~5일로 짧고, 냉장보관을 해야 합니다.

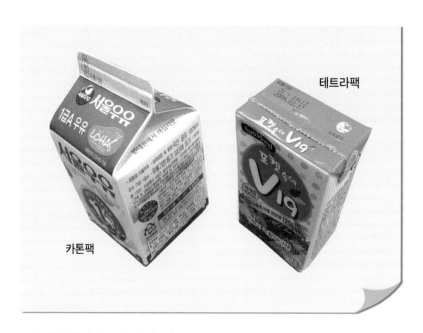

테트라팩

카톤팩

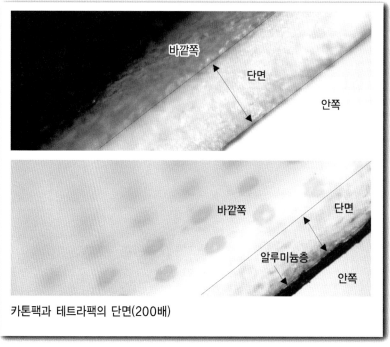

바깥쪽

단면

안쪽

바깥쪽

단면

알루미늄층

안쪽

카톤팩과 테트라팩의 단면(200배)

반면에 140도에서 2~3초 동안 멸균한 우유를 포장하는 7겹의 테트라팩은 비싸지만 알루미늄 금속층이 있어 공기를 차단합니다. 또 포장하기 전에 살균하기 때문에 상온에서도 오랫동안 보관할 수 있습니다.

그런데 두유는 왜 테트라팩으로 포장할까요?

두유는 생콩의 여러 효소가 활성화되지 않도록 완전히 멸균해야 합니다. 또 우유만큼 빨리 소비되지 않기 때문에 오랫동안 보관할 수 있는 테트라팩을 사용하는 것입니다.

과자 봉지의 비밀

풍선은 오래 두면 미세한 구멍들 사이로 바람이 빠집니다. 그렇지만 봉지 과자는 오래 두어도 빵빵한 상태를 유지합니다. 포장지에는 테트라팩처럼 안쪽에 알

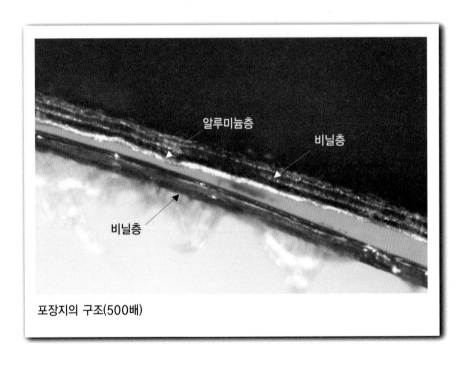

포장지의 구조(500배)

루미늄이 코팅되어 있기 때문이에요. 이것은 산소가 들어오거나 봉지 안의 질소가 빠져나가는 것을 막습니다. 이처럼 단순한 포장지에도 박막 필름, 정밀 인쇄와 코팅, 금속 도금 및 증착 등과 같은 다양한 첨단 기술이 사용되고 있습니다.

200배

변덕스러운 장마철이 되면 예민해지는 사람들은 누구일까요? 아마도 기상청에서 날씨를 예보하는 분들일 거예요.

날씨는 왜 정확히 예측하기가 어려울까요?

일부는 한반도의 지리적 특성, 최신 장비의 부족, 예보관의 능력 부족을 이유로 들지만, 꼭 그렇지는 않아요. 최첨단 장비와 인력을 갖춘 미국에서도 2005년에 발생한 허리케인 카트리나의 진행 경로를 잘못 예보하여 1800여 명의 사망자와 수많은 이재민이 발생했습니다.

일기예보란 대기의 물리적 법칙과 이전의 기상 현상들을 통계적으로 분석하여 확률적으로 날씨를 예측하는 것입니다. 비 올 확률이 70퍼센트라면 날씨가 맑을 확률도 30퍼센트지요. 따라서 비가 온다고 해서 오보는 아닙니다. 오보란 이미 발생한 사실을 잘못 보도한 것이기 때문입니다.

그렇다면 이것은 무엇일까요?

햇빛을 가리는 이것은 비가 올 때 쓰기도 합니다. 알록달록한 색이 참 화사하지요?

이것은 무엇일까요?

햇빛을 가리는 이것은 비가 올 때 쓰기도 합니다.

19 이슬비 내리는……

방수

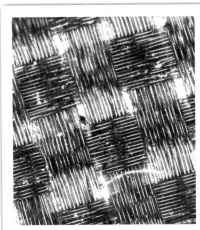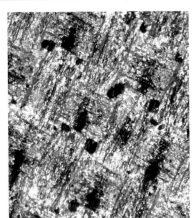

우산의 바깥쪽과 안쪽(200배)

"이슬비 내리는 이른 아침에~ 파란 우산, 깜장 우산, 찢어진 우산~ 좁다란 학교 길에 우산 세 개가 이마를 마주대고 걸어갑니다." 여러분도 이런 적이 있나요?

비는 한여름 짧고 굵게 내리는 소나기, 지루하게 오랫동안 내리는 장맛비, 봄이나 가을에 촉촉히 대지를 적시는 가랑비, 가랑비보다 약간 가는 이슬비 등이 있어요. 지름이 1밀리미터 보다 큰 빗방울은 중력에 의해 약간 길쭉한 모양으로 떨어집니다.

우산 vs 양산

우산과 양산은 어떻게 다를까요? 우
산은 빗물이 새지 않게 고분자 원단을
촘촘하게 짜서 만들지요. 또한 우산 안
쪽에 금속 코팅을 하기도 합니다. 반면
에 양산은 안과 바깥쪽이 큰 차이는 없
어요.

양산의 안쪽(200배)

방수의 원리

가장 간단한 방수법은 물이 스며들지 않도록 표면을 처리하는 것입니다. 예를
들어 콘크리트 표면의 틈새로 물이 스며들면 철근이 녹슬지요. 그래서 방수 페인
트를 칠해 물의 침투를 막습니다.

그렇다면 방수복은 어떨까요?

방수복은 물의 침투를 막으면서도 땀은 배출해야 합니다. 숨 쉬는 직물이라는

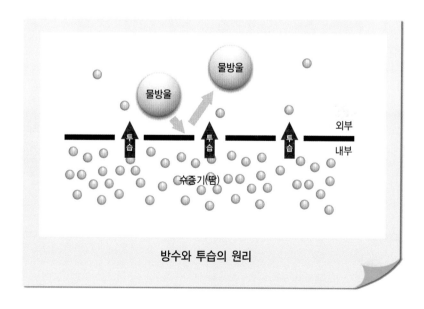

방수와 투습의 원리

'고어텍스'와 같은 방수 투습 원단은, 물방울보다는 작고 수증기보다는 큰 구멍이 많이 뚫려 있는 필름이 원단 표면에 붙어 있습니다. 대개 물방울의 지름은 1밀리미터 이상이며, 수증기는 0.0004마이크로미터 이하인데, 다공성 필름의 구멍은 약 2마이크로미터입니다.

신기한 연꽃잎 효과

코팅을 하는 대신에 물체 표면의 구조를 이용해 방수 효과를 얻을 수도 있습니다. 1975년 독일 식물학자인 빌헬름 바르트로트는 연꽃잎 위에 떨어진 물방울이 잎 위의 먼지 등을 씻어내리면서 방울 모양으로 떨어지는 연꽃잎 효과를 발견했지요.

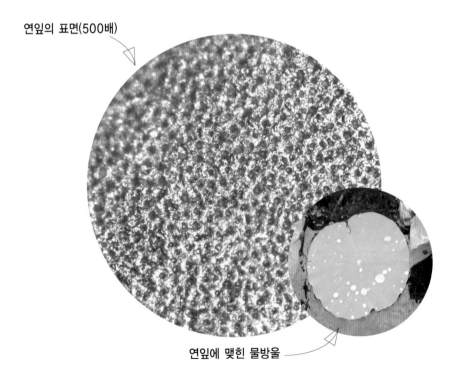

연잎의 표면(500배)

연잎에 맺힌 물방울

연꽃잎은 왜 비에 젖지 않을까요?

다른 잎과는 달리 연꽃잎 표면은 작은 돌기들이 올록볼록하게 돋아나 있습니다. 따라서 표면장력이 큰 물방울은 연꽃잎을 적시지 못하고 잎의 표면에서 또르르 흘러내려요. 사람의 손가락처럼 생긴 어린 은행나무 잎의 표면도 올록볼록한 엠보싱 구조입니다. 어린 은행잎은 자라면서 차츰 틈새가 메워져 부채꼴 모양이 됩니다.

때가 잘 묻지 않는 옷들은 이러한 연꽃잎 효과를 응용하여 만든 것입니다. 옷감 표면을 엠보싱 처리하면 때가 잘 묻지 않고 물을 가볍게 뿌려서 세탁할 수도 있어요. 마찬가지로 유리나 건물 벽도 엠보싱 처리하여 비가 올 때 오염 물질이 자연스럽게 씻겨 내려가도록 합니다.

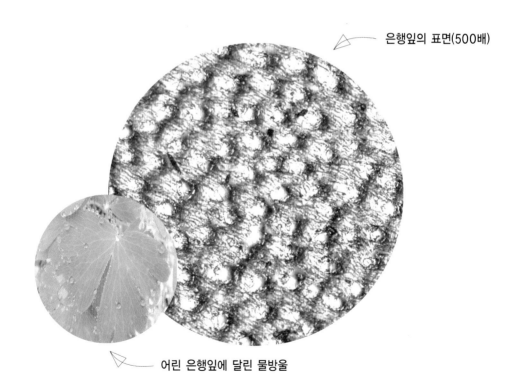

은행잎의 표면(500배)

어린 은행잎에 달린 물방울

30배

이것은 무엇일까요?

2007년, 일곱 개의 건축물이 7대 신 불가사의로 선정되었습니다. 브라질의 예수 석상, 중국의 만리장성, 로마의 콜로세움, 요르단의 페트라, 페루의 마추픽추, 멕시코의 치첸이트사, 인도의 타지마할입니다.

피라미드는 왜 빠졌을까요?

기원전 2500년경에 평균 2.5톤의 거대한 돌 230만 개를 쌓아 만든 피라미드의 방대함과 정교함은 보는 이들에게 감탄과 경이의 대상입니다. 이집트는 세계 최고(最古)의 건축물이자 위대한 문화유산인 피라미드에 대한 투표는 피라미드를 모독하는 것이라며 투표를 거부했습니다.

그렇다면 이것은 무엇일까요?

피라미드처럼 생긴 이것은 작은 결정입니다. 소금은 정육면체, 설탕과 황산구리는 육각기둥, 질산칼륨은 사각기둥 모양입니다. 정팔면체 모양을 한 이 결정은 어떤 물질의 결정일까요?

이것은 무엇일까요?

피라미드처럼 생긴 이것은 정팔면체 모양의
작은 결정입니다.

20 아름다운 질서

결정

소금 결정(50배)

피라미드 두 개를 마주 붙인 것 같은 정팔면체 모양은 백반의 결정입니다. 결정이란 물질을 구성하는 입자들이 일정한 법칙에 따라 규칙적으로 결합된 고체로서 대개 매끈한 면과 날카로운 모서리가 있지요. 예를 들어 소금은 일정한 모양이 있는 결정이지만, 유리는 일정한 모양이 없는 비결정질입니다.

소금은 이온결정

자연에서 발견되는 원소는 90가지입니다. 이들을 구성하는 원자는 양전하를 띠는 원자핵과 음전하를 띠는 전자로 구성되는데, 이들의 수는 같기 때문에 중성입니다.

소금 결정은 어떻게 만들어질까요? 소금 결정을 이루는 것은 나트륨과 염소인데, 나트륨은 전자를 잘 주며 염소는 잘 받습니다. 따라서 전자를 내놓은 나트륨 양이온과 전자를 받는 염소 음이온이 서로 끌어당겨 결정을 만듭니다.

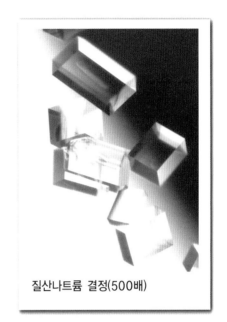

질산나트륨 결정(500배)

남는 것은 결정으로

물질의 용해도차를 이용하면 결정을 만들 수 있습니다. 용해도란 100그램의 용매에 녹는 용질의 양을 말합니다. 고체를 따뜻한 물에 녹인 후 온도를 낮추면 용해도가 감소하면서 녹아 있던 물질들이 이온결정을 형성하지요.

큰 결정을 만들려면 어떻게 해야 할까요? 입자들이 차곡차곡 규칙적으로 쌓이도록 용매를 천천히 증발시키면 됩니다. 빠르게 성장시키면 결정들끼리 서로

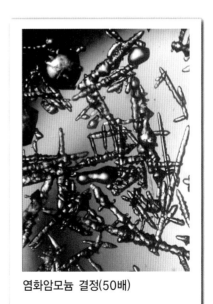

염화암모늄 결정(50배)

겹쳐 불규칙한 모양이 되지요. 결정의 모양은 용액의 조건에 따라서도 달라지는데, 10퍼센트 요소 용액에서 소금 결정은 정팔면체 모양으로 성장하는 것으로 알려져 있어요.

다양한 결정

결정은 이온결정 외에도 공유결정, 금속결정, 분자결정 등이 있습니다. 공유결정은 다이아몬드처럼 원자들이 전자들을 서로 공유하고 있습니다. 그런데 금속결정은 왜 특별한 모양이 없는 것처럼 보일까요? 그것은 금속결정을 높은 온도로 녹인 다음, 목적에 따라서 일정한 틀에 넣어 모양을 만들기 때문입니다. 아이오딘이나 나프탈렌처럼 분자들끼리 약하게 결합된 분자결정은 쉽게 고체에서 기체로 승화하지요.

눈은 대개 육각형 모양으로 자라는데 눈 결정에 있는 동그란 것들은 대기 중의

눈 결정과 냉장고에 낀 성에(500배)

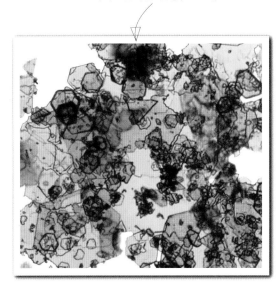
아이오딘화납 결정(500배)

작은 물방울들이 내리는 눈 결정에 달라붙은 것입니다. 냉동실에 낀 성에도 육각형이에요. 성에는 추운 겨울에 유리창이나 벽에 얼어붙은 결정이며, 서리는 대기의 수증기가 지상의 물체에 얼어붙은 결정입니다. 모두 물 분자가 얼어서 생긴 얼음 결정이지만 냉장고에는 '성에가 꼈다'라고 하며, 지면에는 '서리가 앉았다'라고 합니다.

용액 속에서 금빛 눈이 내리는 것을 본 적이 있나요? 무색인 질산납 용액과 아이오딘화칼륨 용액을 섞으면 아이오딘화납 앙금이 생깁니다. 이것을 가열하여 녹인 후 온도를 낮추면, 금가루 같은 육각형 판자 모양의 아이오딘화납 결정이 용액 속에서 눈처럼 내리는 것을 볼 수 있어요. 황산구리 결정은 육각기둥 모양입니다. 평행사변형 같지만 결정의 윗면을 자세히 보면 육각형이에요.

황산구리 결정과 결정의 윗면

여러분, 재미있었나요?

관다발, 꽃가루, 과일, 벌레잡이 식물, 도깨비바늘과 같은 식물을 비롯해서 따개비, 비늘, 초파리, 사마귀 등 이 책에 등장하는 대부분의 관찰 대상은 우리 주변에서 관찰한 것들입니다. 산에 갔을 때 옷에 달라붙은 도깨비바늘, 갯벌에서 가져온 굴 껍데기 위의 따개비, 사과 주위의 초파리, 강화도에서 채집한 사마귀, 양재 화훼단지에서 구입한 파리지옥은 필자를 즐겁게 해주었습니다.

또 감압지의 구조를 발견하는 과정에서는 연구자로 되돌아간 것 같은 기분도 들었지요. 바이올린의 현이 나일론과 스틸 심으로 되어 있는 것도 특이했습니다. 포스트잇에는 노력하는 자에게 주어지는 우연한 발견이 감동을 주었습니다.

삼겹살의 지방, 산분해간장, 식물지시약, 이온결정 등을 관찰할 때는 화학 지식이 많은 도움이 되었습니다. 곁에 두고도 그냥 지나쳤던 현미경으로 동식물뿐만 아니라 화학에까지 적용할 수 있다는 사실이 신기할 따름입니다.

　이러한 결과들을 모아《와우! 현미경 속 놀라운 세상》을 출간하였습니다. 부족한 부분이 있고, 다소 생소하게 느껴지는 분야도 있을 것입니다.

　그렇지만 대부분 일상에서 찾을 수 있는 내용들로 구성했기 때문에 과학적인 교양을 쌓는 데 큰 도움이 될 것으로 기대합니다. 여러분들의 성원에 힘입어《웰컴 투 더 마이크로월드》가 2009년 문화체육관광부 우수 교양도서로 선정된 것처럼,《와우! 현미경 속 놀라운 세상》에도 많은 관심과 격려를 부탁드립니다.

2012년 7월

홍영식 씀

ㄱ

갈조류   58
감각모   37
감구   68
감압지   89
감열지   95
개나리   17
갯강구   53
갯벌   51
건빵   154
겹눈   53
과일   28
과점   29
관다발   13
관모   44
구문초   39
기름   135
김   60
꽃가루   19
꽃가루받이   19
꽃가루 알레르기   18
끈끈이주걱   35
끈 이론   117

ㄴ

녹조류   57

ㄷ

눈   174
니코틴   104

다스베이더   15
다시마   59
담배   105
대나무   12
도깨비   41
도깨비바늘   43
도꼬마리   46
동리   30
따개비   55
딸기 씨   28

ㅁ

매직테이프   122
맵시   113
물관   14
미역   59
미원   142

ㅂ

반창고   100
발현악기   113
방수   167
방패비늘   67
백합   19
밴드   99
버마재비   82
벌레잡이 풀   37
벨크로   46
비누   130
비늘   65
비타민C   141
빗비늘   67

ㅅ

사마귀   81
산분해간장   139
상사기관   148
생체 모방 공학   47
서리   175
석세포   30
선모   35
성에   175
성장륜   65
세포   155
소금   172
속씨식물   14
송이   157
수매화   20

찾아보기

수산화나트륨　140
순간접착제　124
순판　56
스코리아　157
스타워즈　11
스티로폼　158
신용카드　92
쌍떡잎식물　14

ㅇ
아이오딘화납　175
애벌레　73
양조간장　143
연꽃잎 효과　168
염화암모늄　173
옹기　156
완전탈바꿈　73
외떡잎식물　14
용해도　173
우유팩　160
이석　65

ㅈ
자성잉크　94
자주색 양배추　149
접착제　123

조매화　20
종자식물　14
죽순　15
중화반응　140
지방　135
지시약　147
진간장　143
질산나트륨　173

ㅊ
참열매　27
채소　28
체관　13
초파리　73
충매화　20
측선　68

ㅋ
카톤팩　160
컵라면　159
코르크　155

ㅌ
털세움근　131
테트라팩　160
텔로미어　109

통발　38

ㅍ
파리지옥　36
평형곤　75
포스티잇　121
포장지　162
표면장력　132
표피세포　121
풍매화　20
플랑크톤　56
필터　107

ㅎ
해조류　57
헛열매　27
현색제　89
형질　77
홍조류　59
황산구리　175
황산나트륨　140